应用型本科实验教学系列教材

微生物学实验指导

主 编　尹军霞

南京大学出版社

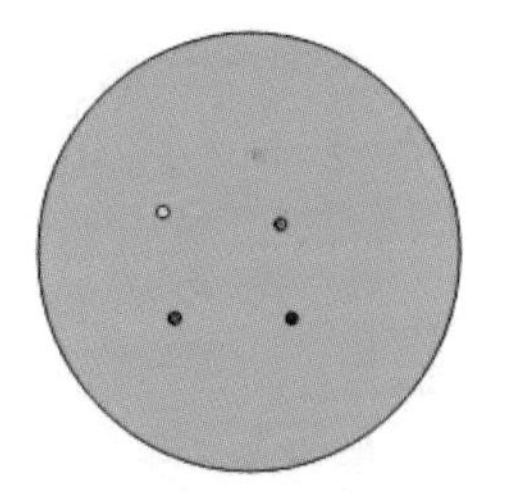

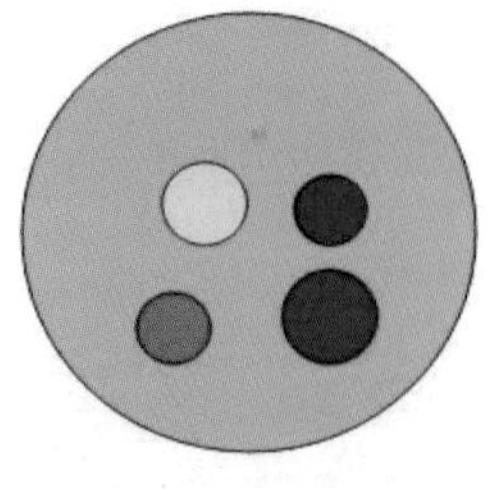

图1　菌落计数（分离纯化）原理

（左边表示接种上的菌，右边表示长成的菌落）

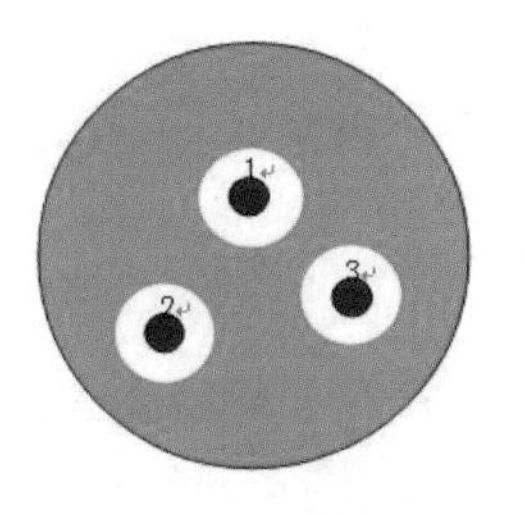

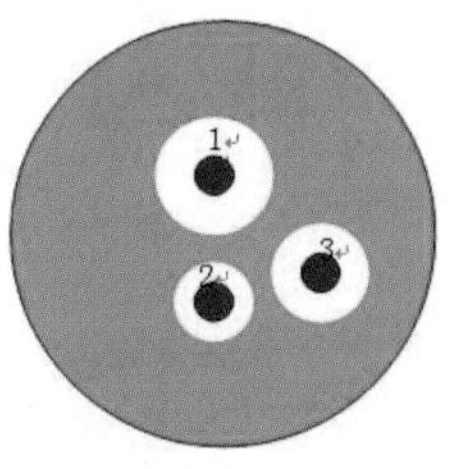

图2　诱变效应的观察

（左边表示诱变前的对照菌落，
右边表示诱变后可能出现的菌落）

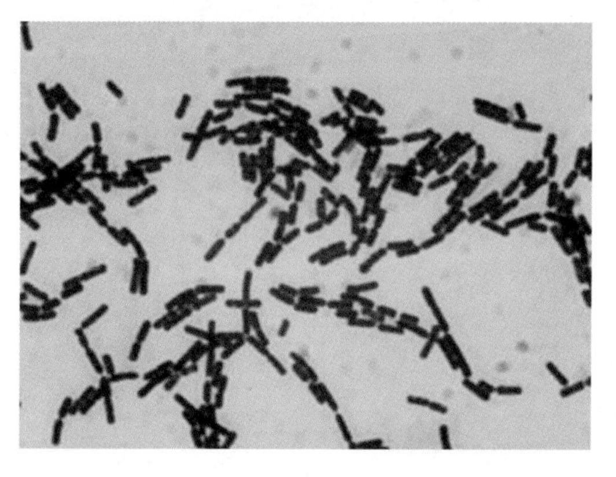

图3　革兰氏阳性杆菌染色效果

（枯草杆菌 *Bacillus subtilis*）

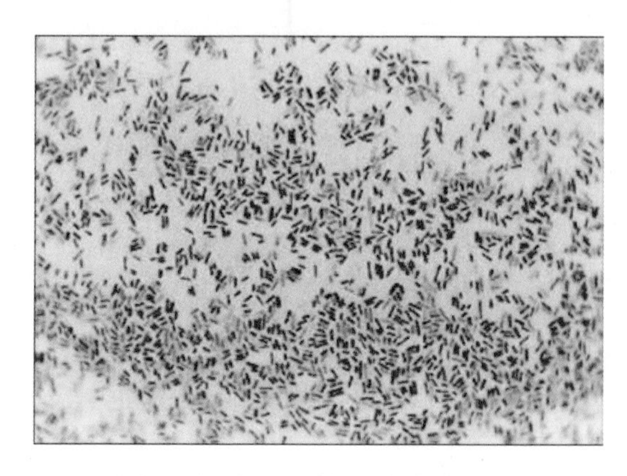

图4　革兰氏阴性杆菌染色效果

（大肠杆菌 *Escherichia coli*）

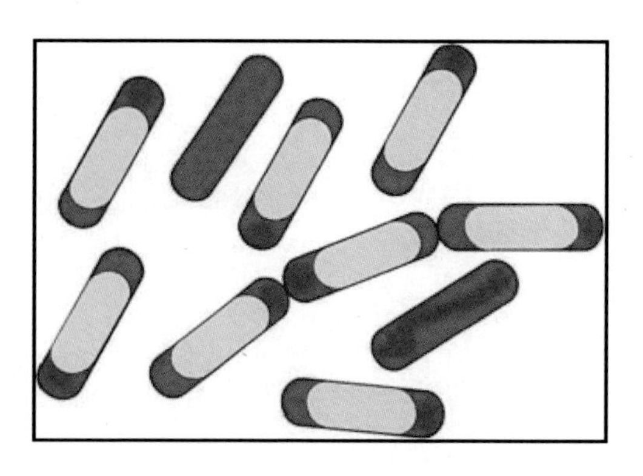

图5　芽孢染色效果

（绿色为芽孢，红色为菌体）

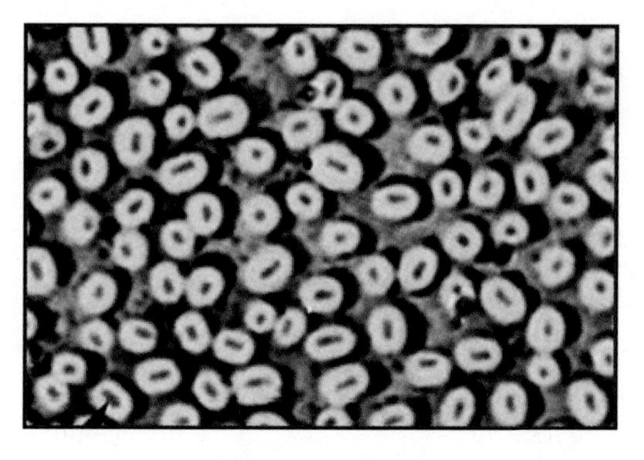

图6　荚膜染色效果

（紫色即菌体，无色即荚膜，褐色为背景）

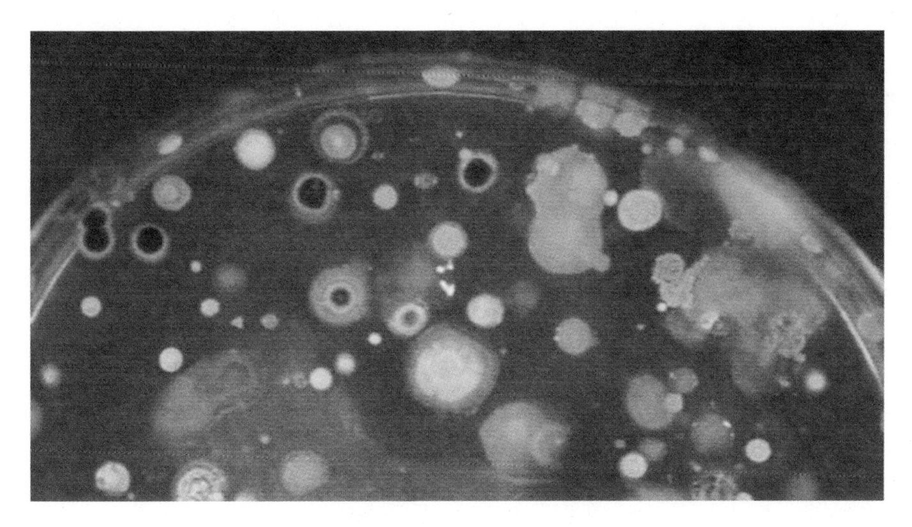

图7　有大量分支营养菌丝和气生菌丝的菌种所形成的菌落

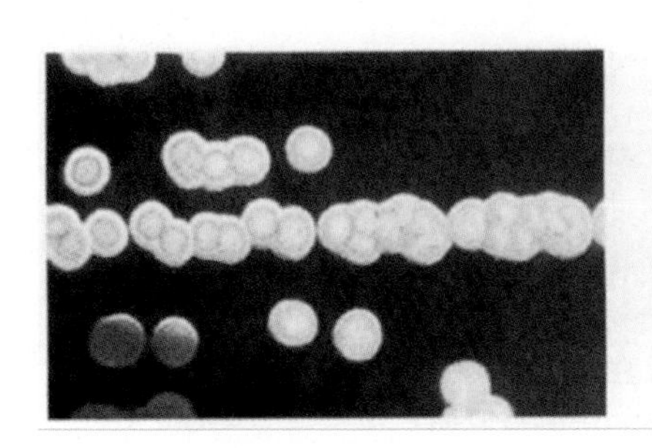

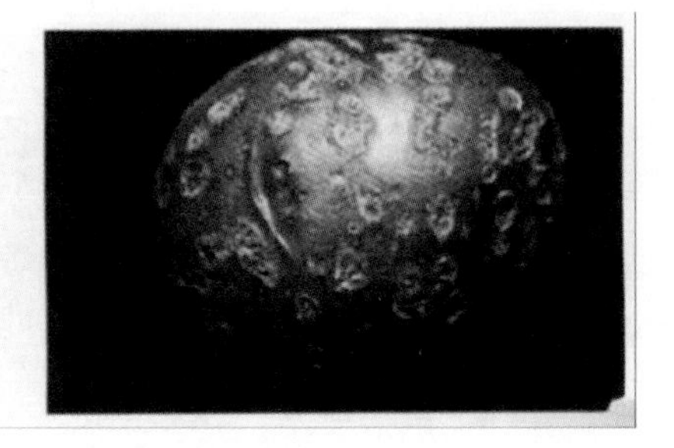

图8　不产生大量菌丝体的种类所形成的菌落及病斑

（左为菌落，右为病斑）

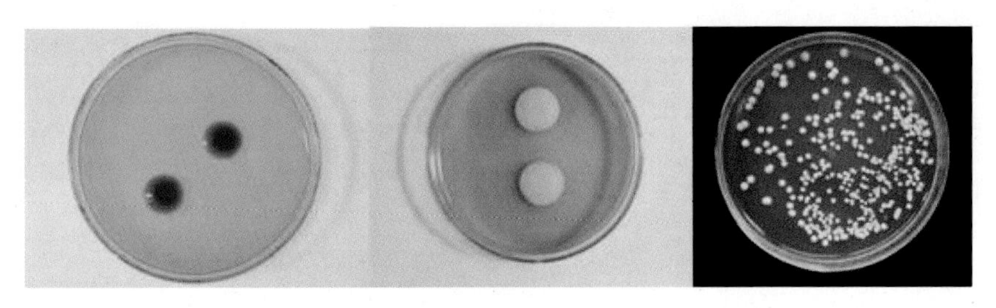

图9　酵母菌菌落

（左为红酵母 *Rhodotorula* ）

（中为酿酒酵母 *Saccharomyces cerevisiae* ）

（右为酿酒酵母涂布平板效果）

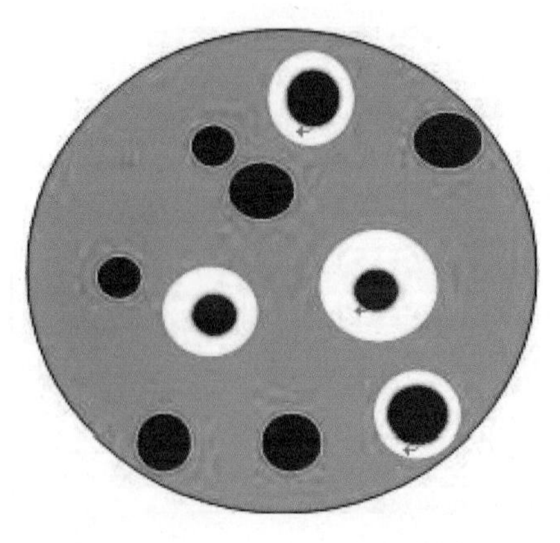

图10　平板上的产淀粉酶菌落

（红色表示菌落，无色表示淀粉水解圈，蓝色表示培养基）

图11　曲利苯蓝与淀粉鉴定培养基

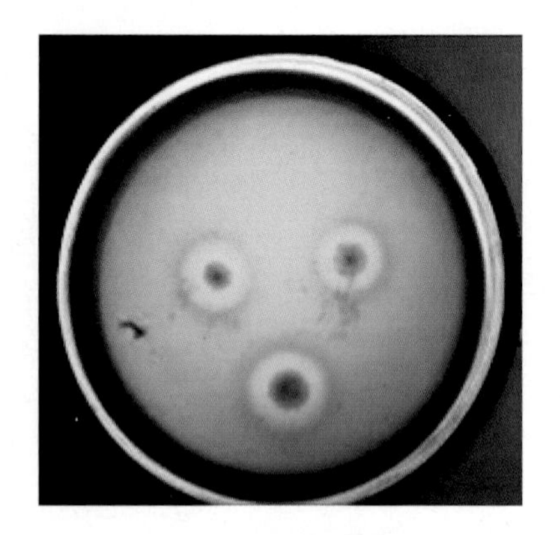

图12　点种效果

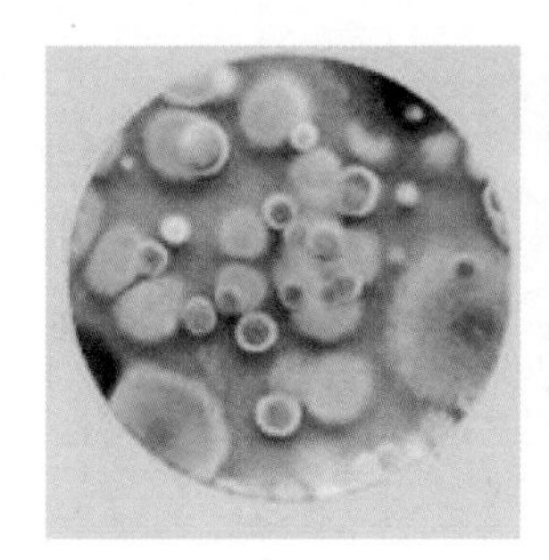

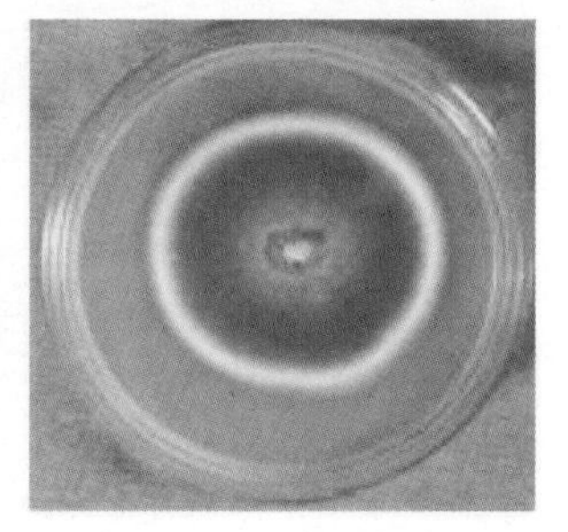

图13　不同霉菌的菌落

（左、中为涂布平板效果，右为点种效果）

前　言

研究性教学是世界教学发展的大趋势。2005年教育部《关于进一步加强高等学校本科教学工作的若干意见》明确指出，高校要“积极推动研究性教学，提高大学生创新能力”。2012年7月，教育部高等教育司在浙江万里学院举行了“研究性教学方法改革骨干教师高级研修班”。研究性教学成为高校教学改革的潮流。但地方院校学生缺乏研究性教学所需的科研素养与知识储备，直接开展研究性实验教学存在一定的难度。

编者根据多年的探索与实践，对微生物学实验的教学采取了渐进式研究性教学模式，该模式首先将微生物实验内容分为3个层次(阶段)：基础实验、综合提高实验和研究创新实验。基础实验侧重微生物的基本操作技术，采用传统的教学模式和研究性教学相结合的方式实施教学；综合提高实验强调操作技能的综合应用，采取模拟科学研究的教学方式；研究创新实验注重学生创新能力和综合能力的培养，采取放手让学生独立探究的研究性教学模式。

本教材是与渐进式研究性教学相匹配的教材，是编者吸取了国内外优秀微生物学和微生物学实验教材精华，在多年实验讲义和课件的基础上改编而成，包括基础性实验17个，综合提高实验11个和研究创新实验示例1个。

基础实验通过以研究性课题(“某某土壤四大类微生物计数、分离纯化与鉴定”)的形式安排实验内容和顺序，使所有的实验连贯成科学探究。普通微生物实验以细菌的研究为主，所以放线菌、酵母菌和霉菌的鉴定以形态观察为主，细菌的鉴定包括形态、生长特性(控制)、生理生化和16S rDNA鉴定。具体实验内容和顺序设计思路为：培养基的配置、灭菌、土壤四大类微生物的培养计数、分离纯化，分离细菌、放线菌、酵母菌和霉菌的形态鉴定，分离细菌的生长曲线、生长控制、生理生化鉴定、16S rDNA鉴定一直到分离菌的菌种保藏，所有实验环环相扣，全部可由学生以科研小组为单位完成。教师可根据不同的专业，不同的课时选做菌种分离纯化后的实验内容。常规教材中，形态或生理生化特征典型的菌种由教师提供，本教材实验体系中，教师仍然提供这些典型菌，作为鉴定学生科研组分离菌的标准菌或者对照菌，这样一方面，便于学生掌握不同微生物的形态和生理生化特征的多样性，也便于科研小组的成员任务分配(一般3人一组，1人负责操作典型菌A，1人负责操作典型菌B，1人负责科研组分离菌)，保证基本的微生物实验操作技术，每个组员都能独立操作。“某某土壤”可以是与本地区农业密切相关且富含四大类微生物的各种土壤，如“诸暨黑李”穿孔病果园土壤，Cd污染油菜土壤，花卉基地土壤，蔬菜基地土壤等等。

基础实验阶段，为了便于教师讲解和示范，每个实验的时间统一安排，每次实验按照传统的“讲解，示范，学生操作，完成报告”教学模式进行。

综合提高实验，实际是一些分别与环境、食品、医学相关的小型研究性课题，可供不同的专业教学选择。如供生物科学、科学教育专业选择的有——“紫外线对枯草芽孢杆菌产生淀粉酶的诱变效应”，“产淀粉酶菌株的筛选与鉴定”，“产碱性蛋白酶菌株的筛选”，“链霉素抗性突变菌的分离筛选”；供环境科学专业选择的有——“苯酚生物降解菌的筛选”，“水中细菌总数的测定”，“多管发酵法测定水中大肠菌群”；酿酒工程专业选择的有——“产淀粉酶菌株的筛选及发酵条件的优化”，“风味酸乳的制作及乳酸菌的分离纯化”，“酒精发酵及糯米甜酒的酿制”。这些课题涉及的操作基本上包含了基础实验中所有的操作技术，教学的组织可以比基础实验阶段更倾向于研究性模式，教师可要求全体学生在1周内预习，撰写个人预习报告，练习实验要求的各项操作技术，以班级位单位，于统一的时间正式操作。至于科研小组成员之间的分工，教师也提出一些具体的要求，比如“产淀粉酶菌株的筛选与鉴定”，教师要求各组的每个成员至少进行一个土壤浓度的稀释和涂布，至少选一个单菌落进行平板划线纯化1次后斜面划线保存，科研小组最后确定的目的菌株，每个成员都要进行革兰氏染色、镜检，而且每次的操作结果既要表明科研小组的编号，也要写明个人的名字，学生操作期间，教师全程指导，提醒学生注意安全，纠正学生错误的操作，回答学生提问，审查学生的实验结果和原始记录，并对学生的操作表现打分。学生操作结束后，科研小组以论文的形式上交报告。综合提高实验，既是对微生物基本操作技术的回顾、复习和检验，还是学生正式参加科研创新前的一次仿真演练。

研究创新阶段，教师根据科研项目或者学生感兴趣的微生物学问题，选取5～10个开放创新项目，供学生选择。如：“酸菜中降胆固醇乳酸菌的分离鉴定”，“乳酸菌对鲫鱼肠道菌群的影响”，“万古霉素废水高效降解菌的分离以及处理万古霉素废水的研究”，“产胶原蛋白酶菌株的筛选及酶活特性研究”，“多环芳烃降解菌的筛选及性能研究”，“复合菌株协同发酵羽毛条件的研究”，“绍兴黄酒麦曲中主要真菌的分离及鉴定”，“传统绍兴黄酒发酵醪中酵母菌的分离鉴定及发酵特性研究”等。学生根据个人的兴趣组成科研小组。每组同学自己查阅文献，再在整理文献的基础上设计讨论并优化实验方案，经过教师的可行性评估、指导和完善后，学生在一段时间内自由、自主地完成实验。最后，以论文的格式提交书面实验报告。学生操作实施期间，微生物实验室全方位开放。教师及实验员在此过程中主要起协调作用，如实验室基本仪器设备的协调和维护、日常卫生及实验室安全性的检查等。当学生遇到困难时，教师给予及时指导和帮助，更多的是鼓励学生自己去查阅文献资料，解决遇到的问题。

本教材以必需、够用、适度挑战性为度，删去常规教材中由于课时限制、材料、难度等原因地方院校甚至是所有高校本科生，都不可能开设、无法开设或者无法完整开设的实验内容，如厌氧培养，免疫学技术等与后续课程分子生物学实验，基因工程实验等课程重复度较高的部分也删去了。对必修的部分，适度地增加点难度和挑战性，这样集中力量培养学生扎实的基础知识和基本的操作技能，同时还培养学生综合分析问题、解决问题的能力和拓展知识、研究创新的能力。

本教材坚持简单明了、直观实用的原则。总体编写思想：弱化实验前的原理和背景知识介绍，强化学生创新探究能力培养。教材使用大量插图（包括实物照片、示意图、模式图、描述操作方法和过程的说明图、流程图、框架图）来直观地说明概念和过程。实验前的原理和背景知识介绍，不影响研究课题或实验理解和实施的背景知识能不讲就不讲，必须讲的，尽量讲要点，尽量做到简洁明快，一目了然，希望学生能花较少的时间在教材的理解和掌握上，而把更多的时间用在实践操作和课后思考上。

本教材的很多实验内容和实验环节为作者原创或改进，可操作性很强，适合作为地方院校微生物学实验课教材，也可作为从事微生物工作的有关教师及科研人员的实验参考用书。

本教材编写过程中，参考了大量国内外优秀微生物学和微生物学实验教材和互联网资料，绍兴文理学院的沈国娟老师参与了教材的校对工作，在此一并致以诚挚的谢意！

由于作者能力和水平有限，书中难免不当之处，敬请广大师生、专家、同仁和读者批评指正。谢谢！

尹军霞

2015年6月

实验须知

为了上好微生物学实验课，并保证安全，特提出如下注意事项：

1. 每次实验前必须对实验内容进行充分预习，以了解实验的目的、原理和方法，做到心中有数，思路清楚。

2. 认真及时做好实验记录，对于当时不能得到结果而需要连续观察的实验，则需记下每次观察的现象和结果，以便分析。

3. 实验室内应保持整洁，不准在实验室吃食和会客。保持室内安静，有问题时举手提问，严禁彼此谈笑喧哗和随便走动。

4. 实验时小心仔细，全部操作应严格按操作规程进行，万一遇有盛菌试管或瓶不慎打破、皮肤破伤或菌液吸入口中等意外情况发生时，应立即报告指导教师，及时处理，切勿隐瞒。

5. 实验过程中，切勿使酒精、乙醚、丙酮等易燃药品接近火焰。如遇火险，应先关掉火源，再用湿布或沙土掩盖灭火。必要时用灭火器。

6. 使用显微镜或其他贵重仪器时，要求细心操作，特别爱护。

7. 对消耗材料和药品等要力求节约，用毕后仍放回原处。

8. 每次实验完毕后，必须把所用仪器抹净放妥，将实验室收拾整齐。擦净桌面，如有菌液污染桌面或其他地方时，可用3%来苏尔液或5%石炭酸液覆盖其上半小时后擦去。如系芽孢杆菌，应适当延长消毒时间；凡带菌的工具(如吸管、玻璃刮棒等)在洗涤前须浸泡在3%来苏尔液中进行消毒。

9. 每次实验需进行培养的材料，应标明自己的组别及处理方法，放于教师指定的地点进行培养；实验室中的菌种和物品等，未经教师许可，不得携出室外，离开实验室前应将手洗净。

10. 每次实验的结果，应以实事求是的科学态度填入报告表格中，力求简明准确。

11. 值日生要负责清扫地面，收拾实验用品，处理垃圾，关好水、电、门窗等后再离开。

目 录

第一部分　基础性实验

实验一　培养基的配置

一、目的要求

(1) 了解培养基的配置原理；

(2) 了解培养基配置的常规程序；

(3) 学习和掌握几种培养基的配制方法。

二、实验原理

培养基是按照微生物生长发育的需要，用不同组分的营养物质调制而成的营养基质。人工制备培养基的目的，在于给微生物创造一个良好的营养条件。把一定的培养基放入一定的器皿中，就提供了人工繁殖微生物的环境和场所。自然界中，微生物种类繁多，由于微生物具有不同的营养类型，对营养物质的要求也各不相同，加之实验和研究上的目的不同，所以培养基在组成原料上也各有差异。但是，不同种类和不同组成的培养基中，均应含有满足微生物生长发育的水分、碳源、氮源、无机盐和生长素以及某些特需的微量元素等。此外，培养基还应具有适宜的酸碱度(pH)和一定缓冲能力及一定的氧化还原电位和合适的渗透压。

培养基种类：

(1) 按成分的不同分：天然培养基、合成培养基、半合成培养基。

(2) 按培养基的物理状态分：固体培养基、液体培养基、半固体培养基。

(3) 按培养基用途：基础培养基、选择培养基、加富培养基、鉴别培养基、孢子培养基、种子培养基、发酵培养基。

固体培养基是在液体培养基中添加凝固剂制成的，常用的凝固剂有琼脂、明胶和硅酸钠，其中以琼脂最为常用，其主要成分为多糖类物质，性质较稳定，一般微生物不能分解，故用凝固剂而不致引起化学成分变化。琼脂在95℃的热水中才开始融化，融化后的琼脂冷却到45℃才重新凝固。因此用琼脂制成的固体培养基在一般微生物的培养温度范围内(25℃～37℃)不会融化而保持固体状态。

三、实验材料

1. 药品

牛肉膏，蛋白胨，NaCl，琼脂，可溶性淀粉，K_2HPO_4，$MgSO_4 \cdot 7H_2O$，KH_2PO_4，$FeSO_4$，葡萄糖，2%去氧胆酸钠链霉素（10 000 单位/mL），KNO_3，0.1%孟加拉红 1 mol/L，NaOH。

2. 其他物品

无菌培养皿（80），无菌玻璃涂棒，称量纸，试管架，药勺，10%酚溶液，石棉网，棉塞，高压蒸汽灭菌锅。

四、实验内容

（一）牛肉膏蛋白胨培养基的制备

1. 实验原理

牛肉膏蛋白胨培养基是细菌学研究最常用的天然培养基。其中的牛肉膏为微生物提供碳源、磷酸盐和维生素，蛋白胨主要提供氮源和维生素，而 NaCl 提供无机盐。在配方中不加琼脂时称之为肉汤培养基。加入琼脂配制的固体培养基一般用于细菌的分离、培养和计数等。

2. 配方

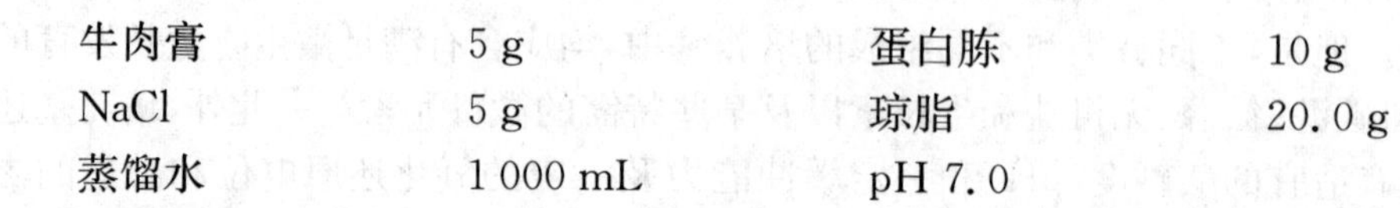

牛肉膏	5 g	蛋白胨	10 g
NaCl	5 g	琼脂	20.0 g
蒸馏水	1 000 mL	pH 7.0	

3. 操作步骤

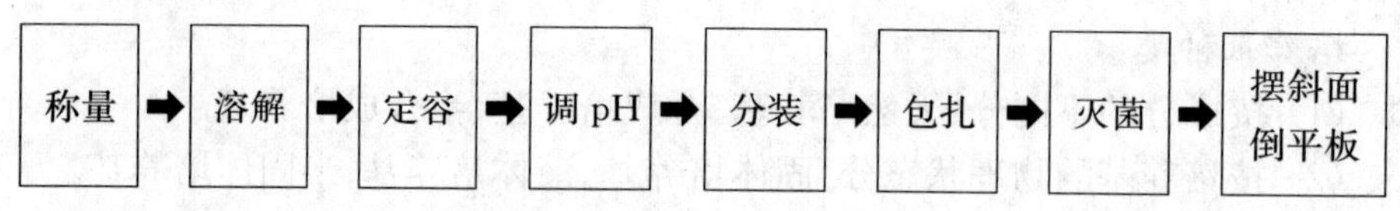

（1）称量

按培养基配方比例依次准确地称取各药品放入烧杯中。牛肉膏常用玻棒挑取，放在小烧杯或表面皿中称量，用热水溶化后倒入烧杯。也可放在称量纸上，称量后直接放入水中，这时如稍微加热，牛肉膏便会与称量纸分离，然后立即取出纸片。蛋白胨很易吸潮，在称取时动作要迅速。另外，称药品时严防药品混杂，一把牛角匙用于一种药品，或称取一种药品后，洗净、擦干，再称取另一药品，瓶盖也不要盖错。

(2) 溶化或溶解

在上述烧杯中可先加入少于所需要的水量,用玻棒搅匀,然后,在石棉网上加热使其溶化或溶解。在琼脂溶化的过程中,需不断搅拌,以防琼脂糊底使烧杯破裂,遇水沸腾导致即将漫出烧杯时,及时添加少许冷水。待琼脂完全溶化后,补充水分到所需的总体积。

(3) 调 pH

在未调 pH 前,先用精密 pH 试纸测量培养基的原始 pH,如果 pH 偏酸,用滴管向培养基中逐滴加入 1 mol/L NaOH,边加边搅拌,并随时用玻棒沾少许液体,用 pH 试纸测其 pH,直至 pH 达 7.0。反之,则用 1 mol/L HCl 进行调节。注意 pH 值不要调过头,以避免回调,否则,将会影响培养基内各离子的浓度。

(4) 分装

将培养基分装于 15 个试管,其余分装于三角瓶中。

(5) 加塞

培养基分装完毕后,在试管口或三角烧瓶口上塞上棉塞,以阻止外界微生物进入培养基内而造成污染,并保证有良好的通气性能(棉塞制作方法见本实验后面)。

(6) 包扎

试管加塞后,一般多个一起,再在棉塞外包一层牛皮纸(或报纸),以防止灭菌时冷凝水润湿棉塞,用一道麻绳将几根试管一起扎好(方便起见,可用橡皮筋代替)。三角瓶加塞后,外包牛皮纸(或报纸),用麻绳以活结形式扎好(方便起见,可用橡皮筋代替)。注明培养基名称、组别、日期。

(二) 高氏一号合成培养基的制备

1. 实验原理

高氏一号培养基是一个合成培养基,常用于分离和培养放线菌。

2. 配方

可溶性淀粉	20 g	K_2HPO_4	0.5 g
$MgSO_4 \cdot 7H_2O$	0.5 g	$FeSO_4$	0.01 g
NaCl	0.5 g	琼脂	20.0 g
KNO_3	1 g	蒸馏水	1 000 mL

$K_2Cr_2O_7$(0.5%)　10 mL(临用前加入)

pH 7.2～7.4

3. 操作步骤

量取所需水量，少量置于一小烧杯中，剩余置大烧杯中。将大烧杯在电炉上加热至沸腾。称量可溶性淀粉，置于小烧杯中，用少量冷水将淀粉调成糊状后加入到沸水中，搅匀，其它药品依次加入，定容，调 pH。分装于三角瓶中，加塞，包扎。

（三）马丁氏培养基的制备

1. 实验原理

马丁氏培养基是一种用来分离真菌的选择性培养基。此培养基是由葡萄糖、蛋白胨、KH_2PO_4、$MgSO_4 \cdot 7H_2O$、孟加拉红（玫瑰红，Rose Bengal）和链霉素等组成。其中葡萄糖主要作为碳源，蛋白胨主要作为氮源，KH_2PO_4 和 $MgSO_4 \cdot 7H_2O$作为无机盐，为微生物提供钾、磷和镁离子。而孟加拉红和链霉素主要是细菌和放线菌的抑制剂，对真菌无抑制作用，因而真菌在这种培养基上可以得到优势生长，从而达到分离真菌的目的。需要计数时，通常加入去氧胆酸钠，它是一种表面活性剂，不仅防止霉菌菌丝蔓延，还可抑制 G^+ 细菌生长。

2. 配方

KH_2PO_4	1.0 g	$MgSO_4 \cdot 7H_2O$	0.5 g
蛋白胨	5.0 g	葡萄糖	10.0 g
孟加拉红(1%)	3.3 mL	琼脂	20.0 g
蒸馏水	1 000 mL		
1%链霉素	3.3 mL（临用前加入）		
2%去氧胆酸钠	20 mL（临用前加入）		

自然 pH

3. 操作步骤

此培养基在之后的实验中，不需要分装斜面，只要求分装于三角瓶中，将来倒平板用，所以直接将该配方中除链霉素和去氧胆酸钠以外的各成分，加入三角瓶，加塞，包扎后灭菌。

临用前将培养基加热融化，冷至 60℃左右，无菌操作加入 2%去氧胆酸钠和 1%链霉素，迅速混匀。（下次实验）

（四）酵母膏胨葡萄糖培养基(YPD)的制备

1. 实验原理

蛋白胨提供碳源和氮源；酵母膏粉提供 B 族维生素能促进生长；葡萄糖提供能源。

2. 配方

酵母膏	10 g	蛋白胨	20 g
葡萄糖	20 g	琼脂	20 g
1%链霉素	3.3 mL（临用前加入）		
蒸馏水	1 000 mL		

自然 pH

(1) 称量：按培养基配方比例依次准确地称取各药品放入烧杯中。

(2) 溶化：在上述烧杯中可先加入少于所需要的水量，用玻棒搅匀，然后在石棉网上加热使其溶化或溶解。在琼脂溶化的过程中，需不断搅拌，以防琼脂糊底使烧杯破裂，遇水沸腾导致即将漫出烧杯时，及时添加少许冷水。待琼脂完全溶化后，补充水分到所需的总体积。

(3) 分装：将培养基分装于 10 个试管，其余分装于三角瓶中，加塞，包扎。

（五）蛋白胨水培养基的制备

1. 实验原理

蛋白胨提供碳氮源、维生素和生长因子；氯化钠维持均衡的渗透压；含有色氨酸酶的细菌，能分解蛋白胨中的色氨酸，形成吲哚。吲哚无色，当加入对氨基苯甲酸试剂后，形成可见的红紫色醌式化合物，即玫瑰吲哚。

2. 配方

蛋白胨	10 g	NaCl	5 g
蒸馏水	1 000 mL		

pH 7.6

3. 操作步骤

直接将配方中的各成分加入到烧杯中，用玻棒搅匀，也可在石棉网上略微加热加速溶解，调 pH。分装于 25 支试管中，加塞，包扎。

（六）葡萄糖蛋白胨水培养基的制备

1. 实验原理

蛋白胨提供碳氮源、维生素和生长因子；葡萄糖提供碳源和能源；氯化钠维持均衡的渗透压。肠杆菌科各菌属发酵葡萄糖，在分解葡萄糖过程中产生丙酮酸，进一步分解中，由于糖代谢的途径不同，可产生乳酸、琥珀酸、醋酸和甲酸等大量酸性产物，可使培养基 pH 下降至 pH 4.5 以下，此 pH 使甲基红由黄变红，如加入甲基红试剂培养基中变红，则甲基红试验呈阳性。某些细菌在葡萄糖蛋白胨水培养基中能分解葡萄糖产生丙酮酸，经过丙酮酸缩合，脱羧成 3-羟基丁酮(乙酰甲基甲醇,$CH_3CH(OH)CH(OH)CH_3$),而 3-羟基丁酮在碱性条件下,用 α-萘酚催化下,生成二乙酰,二乙酰和培养基蛋白胨中精氨酸的胍基生成红色化合物。

2. 配方

蛋白胨	5 g	葡萄糖	5 g
NaCl	5 g	蒸馏水	1 000 mL

pH 7.0～7.2

112℃,灭菌 30 min

3. 操作步骤

直接将配方中的各成分加入到烧杯中,用玻棒搅匀,也可在石棉网上略微加热加速溶解,调 pH。分装于 25 支试管中,加塞,包扎。

(七) 糖发酵培养基的制备

1. 实验原理

不同细菌分解糖类的能力和代谢产物不同。

绝大多数细菌都能利用糖类作为碳源和能源,但是它们在分解糖类物质的能力和代谢产物上有很大的差异。

培养基中加入了特定的某种糖(这里是葡萄糖),还加入了溴百里酚蓝,它是一种酸碱指示剂,pH 小于 6.0 时黄色,pH 在 6.0～7.0 时绿色,pH 大于 7.0 时蓝色。另外,培养基还倒置 1 个杜氏管(管口朝下)。细菌是否利用特定的糖产酸可通过培养基中溴百里酚蓝由绿变黄来表示。是否产酸的同时产气则可通过德汉氏小试管有无气泡来显示。

2. 配方

蛋白胨	10 g	NaCl	5 g
葡萄糖	2 g	蒸馏水	1 000 mL
溴百里酚蓝(1.6%酒精溶液)			1 mL

pH7.6

112℃,灭菌 30 min

3. 操作步骤

将配方中除溴百里酚蓝(1.6%酒精溶液)以外的成分加入到烧杯中,用玻棒搅匀,也可在石棉网上略微加热加速溶解,调 pH,再加入溴百里酚蓝(1.6%酒精溶液),分装于 50 支试管,每个试管里面倒置 1 个杜氏管(管口朝下),加塞,包扎。

（八）柠檬酸盐培养基的制备

1. 实验原理

此培养基是测定细菌能否利用柠檬酸盐为碳源的能力。该培养基中柠檬酸钠为唯一碳源。培养基中加入了溴百里酚蓝，它是一种酸碱指示剂，pH 小于6.0时黄色，pH 在 6.0～7.0 时绿色，pH 大于 7.0 时蓝色。某些细菌在分解培养基中的柠檬酸钠及磷酸二氢铵后，产生碱性化合物，使培养基的 pH 升高，培养基呈碱性，培养基由绿变蓝。

2. 配方

柠檬酸钠	2 g	$NH_4H_2PO_4$	1 g
K_2HPO_4	1 g	$MgSO_4 \cdot 7H_2O$	0.2 g
NaCl	5 g	琼脂	20 g
溴百里酚蓝（1.6%酒精溶液）			1 mL
蒸馏水			1 000 mL
pH6.8			

3. 操作步骤

(1) 称量：将配方中除溴百里酚蓝（1.6%酒精溶液）以外的成分加入到烧杯中。

(2) 溶化：在上述烧杯中可先加入少于所需要的水量，用玻棒搅匀，然后，在石棉网上加热使其溶化或溶解。在琼脂溶化的过程中，需不断搅拌，以防琼脂糊底使烧杯破裂，遇水沸腾导致即将漫出烧杯时，及时添加少许冷水。待琼脂完全溶化后，补充水分到所需的总体积。

(3) 调 pH，加溴百里酚蓝（1.6%酒精溶液）：注意 pH 不要过碱，以培养基为黄绿色为准。

(4) 分装：将培养基分装 50 支试管，加塞，包扎。

（九）淀粉筛选培养基

1. 实验原理

此培养基中碳源为淀粉，某些细菌能够分泌淀粉酶（胞外酶），将淀粉水解为麦芽糖和葡萄糖，再被细菌利用。指示剂曲利苯蓝（蓝色）对淀粉等大分子有很强的亲和能力，因而含有淀粉的鉴定培养基呈蓝色。如果平板上生长的菌能分泌胞外淀粉酶，菌落周围的淀粉大分子水解为小分子物质，而曲利苯蓝与小分子物质结合能力很弱，因此菌落周围的曲利苯蓝被较远的淀粉大分子吸走了，结果导致菌落周围出现透明圈，因此可根据菌落周围透明圈的有无能鉴别平板上的菌是否产生淀粉酶。

2. 配方

蛋白胨	10 g	牛肉膏	3 g
NaCl	5 g	可溶性淀粉	20 g
琼脂	20 g	曲利酚蓝	0.005%
蒸馏水	1 000 mL		

pH 7.0

3. 操作步骤

量取所需水量，少量置于一小烧杯中，剩余置大烧杯中。将大烧杯在电炉上加热至沸腾。称量可溶性淀粉，置于小烧杯中，用少量冷水将淀粉调成糊状后加入到大烧杯内沸水中，搅匀，其它药品依次加入，调 pH，1 000 mL 培养基中加入 2 mL 的 0.025 g/mL 曲利酚蓝溶液，加入到三角瓶中，加塞，包扎后灭菌。

（十）种子培养基（产淀粉酶菌用）

1. 实验原理

种子培养基是供孢子发芽、生长和繁殖菌丝的培养基。要求营养丰富完全，氮源和维生素的含量高些，总浓度略稀薄，以达到较高溶解氧。

2. 配方

蛋白胨	10.0 g	牛肉膏	3.0 g
NaCl	5.0 g	可溶性淀粉	2.0 g
蒸馏水	1 000 mL	pH 7.0	

3. 操作步骤

量取所需水量，少量置于一小烧杯中，剩余置大烧杯中。将大烧杯在电炉上加热至沸腾。称量可溶性淀粉，置于小烧杯中，用少量冷水将淀粉调成糊状后加入到大烧杯内沸水中，搅匀，其他药品依次加入，调 pH，分装于 40 个三角中，塞上棉塞，包扎后灭菌。

（十一）发酵培养基（产淀粉酶菌培养基优化用）

配制方法同种子培养基，具体配方、分装、加塞，标注等改变如下：

1. 发酵培养基 1(50 mL)（标签：淀粉 0，pH6.0，25 mL，橡皮塞）

蛋白胨 10.0 g，牛肉膏 3.0 g，氯化钠 5.0 g，蒸馏水 1 000 mL，pH6.0

分装于 2 个 300 mL 的三角瓶中，橡皮塞，包扎。

2. 发酵培养基2(100 mL)(标签:淀粉0,pH7.0,50 mL,棉塞)

蛋白胨10.0 g,牛肉膏3.0 g,氯化钠5.0 g,蒸馏水1 000 mL,pH7.0

分装于2个300 mL的三角瓶中,棉塞,包扎。

3. 发酵培养基3(200 mL)(标签:淀粉0,pH8.0,100 mL,纱布)

蛋白胨10.0 g,牛肉膏3.0 g,氯化钠5.0 g,蒸馏水1 000 mL,pH8.0

分装于2个300 mL的三角瓶中,纱布,包扎。

4. 发酵培养基4(200 mL)(标签:淀粉0.2%,pH6.0 mL,棉塞)

蛋白胨10.0 g,牛肉膏3.0 g,氯化钠5.0 g,可溶性淀粉2.0 g,蒸馏水1 000 mL,pH6.0

分装于2个300 mL的三角瓶中,棉塞,包扎。

5. 发酵培养基5(50 mL)(标签:淀粉0.2%,pH7.0,25 mL,纱布)

蛋白胨10.0 g,牛肉膏3.0 g,氯化钠5.0 g,可溶性淀粉2.0 g,蒸馏水1 000 mL,pH7.0

分装于2个300 mL的三角瓶中,纱布,包扎。

6. 发酵培养基6(100 mL)(标签:淀粉0.2%,pH8.0,50 mL,橡皮塞)

蛋白胨10.0 g,牛肉膏3.0 g,氯化钠5.0 g,可溶性淀粉2.0 g,蒸馏水1 000 mL,pH8.0

分装于2个300 mL的三角瓶中,橡皮塞,包扎。

7. 发酵培养基7(100 mL)(标签:淀粉1%,pH6.0,50 mL,纱布)

蛋白胨10.0 g,牛肉膏3.0 g,氯化钠5.0 g,可溶性淀粉10.0 g,蒸馏水1 000 mL,pH6.0

分装于2个300 mL的三角瓶中,纱布,包扎。

8. 发酵培养基8(200 mL)(标签:淀粉1%,pH7.0,100 mL,橡皮塞)

蛋白胨10.0 g,牛肉膏3.0 g,氯化钠5.0 g,可溶性淀粉10.0 g,蒸馏水1 000 mL,pH7.0

分装于2个300 mL的三角瓶中,橡皮塞,包扎。

9. 发酵培养基9(50 mL)(标签:淀粉1%,pH8.0,25 mL,棉塞)

蛋白胨10.0 g,牛肉膏3.0 g,氯化钠5.0 g,可溶性淀粉10.0 g,蒸馏水1 000 mL,pH8.0

分装于2个300 mL的三角瓶中,棉塞,包扎。

注意事项

1. 称量好某种样品,药勺要擦干净放回原处,试剂瓶要及时盖好;
2. 称取药品时严防药品混杂,一把牛角匙称一种药品;
3. 蛋白胨极易吸湿,称取时动作要迅速;

4. 分装时注意不要使培养基沾染在管口或瓶口，以免浸湿棉塞，引起污染；
5. pH 不要调过头，以避免回调而影响培养基内各离子的浓度；
6. 熔化琼脂时，要不断搅拌，以免琼脂糊底，并控制火力，防止沸腾外溢；
7. 严格按照培养基配方配制。

思考题

培养基配制完成后，为什么必须立即灭菌？若不能及时灭菌应如何处理？已灭菌的培养基如何进行无菌检查？

实验二　灭菌物品的准备及灭菌

一、目的要求

(1) 了解高压蒸汽灭菌的原理；

(2) 学习并掌握高压蒸汽灭菌的操作；

(3) 学习并掌握灭菌物品的准备工作。

二、实验原理

灭菌是用物理或化学的方法来杀死或除去物品上或环境中的所有微生物。消毒是用物理或化学的方法杀死物体上绝大部分微生物(主要是病原微生物和有害微生物)。消毒实际上是部分灭菌。

在微生物实验、生产和科研工作中，需要进行纯培养，不能有任何杂菌，因此，对所用器材、培养基要进行严格灭菌，对工作场所进行消毒，以保证工作顺利进行。

实验室常用灭菌方法：

(一) 干热灭菌

用干燥热空气(170℃)杀死微生物的方法称干热灭菌。玻璃器皿(如吸管、平板等)、金属用具等凡不适于用其他方法灭菌而又能耐高温的物品都可用此法灭菌。培养基、橡胶制品、塑料制品等不能用干热灭菌法。

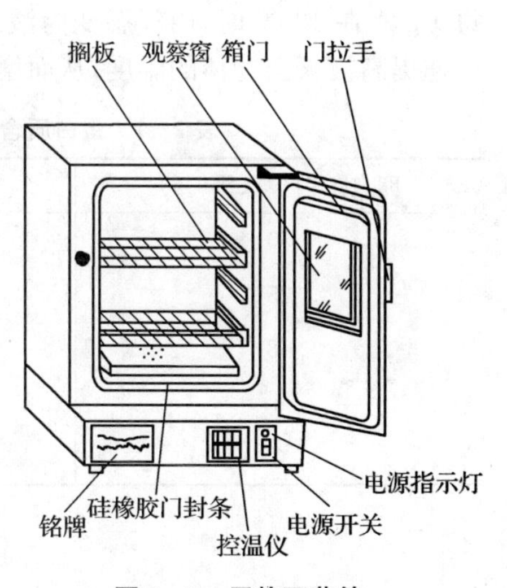

图 2-1　干热灭菌箱

干热灭菌操作步骤：

(1) 装箱

将准备灭菌的玻璃器具洗涤干净、晾干，用纸包裹好，放入灭菌的长铁盒(或铝盒)内，放入干热灭菌箱内，关好箱门。

(2) 灭菌

接通电源，打开干热灭菌箱排气孔，等

温度升至80℃～100℃时关闭排气孔，继续升温至160℃～170℃计时，恒温1 h～2 h。

(3) 灭菌结束后，断开电源，自然降温至60℃，打开电烘箱门，取出物品放置备用。

注意事项

(1) 灭菌物品不能堆得太满、太紧，以免影响温度均匀上升；

(2) 灭菌物品不能直接放在电烘箱底板上，以防止包纸烘焦；

(3) 灭菌温度恒定在160℃～170℃为宜，温度过高，纸和棉花会被烤焦；

(4) 降温时待温度自然降至60℃以下再打开箱门取出物品，以免因温度过高而骤然降温导致玻璃器皿炸裂。

(二) 高压蒸汽灭菌法

高压蒸汽灭菌是将待灭菌的物品放在一个密闭的加压灭菌锅内，通过加热，使灭菌锅隔套间的水沸腾而产生蒸汽。待水蒸汽急剧地将锅内的冷空气从排气阀中驱尽，然后关闭排气阀，继续加热，此时由于蒸汽不能溢出，而增加了灭菌器内的压力，从而使沸点增高，得到高于100℃的温度。导致菌体蛋白质凝固变性而达到灭菌的目的。

在同一温度下，湿热的杀菌效力比干热大，其原因有三：一是湿热中细菌菌体吸收水分，蛋白质较易凝固，因蛋白质含水量增加，所需凝固温度降低(表2-1)，二是湿热的穿透力比干热大(表2-2)；三是湿热的蒸汽有潜热存在，每1 g水在100℃时，由气态变为液态时可放出2.26 kJ的热量。这种潜热，能迅速提高被灭菌物体的温度，从而增加灭菌效力。

表2-1　蛋白质含水量与凝固所需温度的关系

卵白蛋白含水量(%)	30 min内凝固所需温度(℃)
50	56
25	74～80
18	80～90
6	145
0	160～170

表 2-2　干热与湿热穿透力及灭菌效果比较

温　度(℃)		时间(小时)	透过布层的温度(℃)			灭　菌
			20 层	40 层	100 层	
干热	130～140	4	86	72	70.5	不完全
湿热	105.3	3	101	101	101	完　全

在使用高压蒸汽灭菌锅灭菌时，灭菌锅内冷空气的排除是否完全极为重要，因为空气膨胀压大于水蒸汽的膨胀压，所以，当水蒸汽中含有空气时，在同一压力下，含空气蒸汽的温度低于饱和蒸汽的温度。灭菌锅内留有不同分量空气时，压力与温度的关系见表 2-3。一般培养基用 1.05 kg/cm^2，121.3℃ 15～30 min 可达到彻底灭菌的目的。灭菌的温度及维持的时间随灭菌物品的性质和容量等具体情况而有所改变。例如含糖培养基用 0.56 kg/cm^2，112.6℃灭菌 15 min，但为了保证效果，可将其他成分先行 121.3℃，20 min 灭菌，然后以无菌操作手续加入灭菌的糖溶液。又如盛于试管内的培养基以 1.05 kg/cm^2，121.3℃灭菌 20 min 即可，而盛于大瓶内的培养基最好以 1.05 kg/cm^2 灭菌 30 min。

表 2-3　灭菌锅内留有不同分量空气时，压力与温度的关系

压力数		全部空气排出时的温度(℃)	2/3 空气排出时的温度(℃)	1/2 空气排出时的温度(℃)	1/3 空气排出时的温度(℃)	空气全不排出时的温度(℃)
kg/cm^2	$(1\ b/in^2)$					
0.35	5	108.8	100	94	90	72
0.70	10	115.6	109	105	100	90
1.05	15	121.3	115	112	109	100
1.40	20	126.2	121	118	115	109
1.75	25	130.0	126	124	121	115
2.10	30	134.6	130	128	126	121

蒸汽压力所用单位为 kg/cm^2，它与 $1\ b/in^2$ 和温度的换算关系见表 2-4。

表 2-4　蒸汽压力与蒸汽温度换算关系

蒸汽压力（大气压）	压力表读数		蒸汽温度（℃）
	kg/cm²	1 b/in²	
1.00	0.00	0.00	100.0
1.25	0.25	3.75	107.0
1.50	0.50	7.50	112.0
1.75	0.75	11.25	115.0
2.00	1.00	15.00	121.0
2.50	1.50	22.50	128.0
3.00	2.00	30.00	134.5

三、实验内容

（一）灭菌物品的准备

1. 培养基分装

固体
- 三角瓶（灭菌后倒平板）分装量不超过其容积的一半
- 试管（灭菌后摆斜面）分装量约为试管高度的1/5

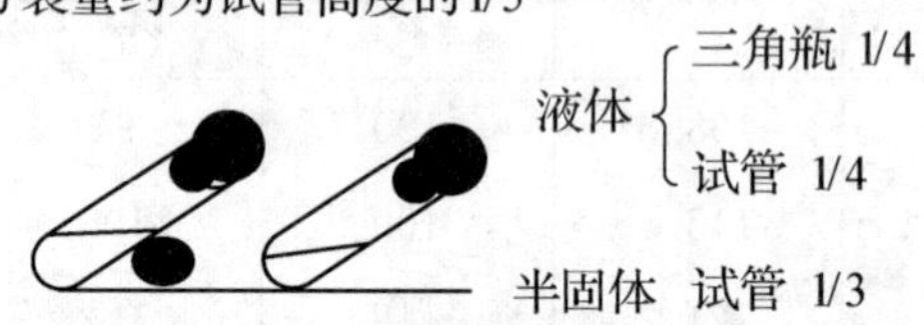

图 2-2　试管分装量与斜面形态

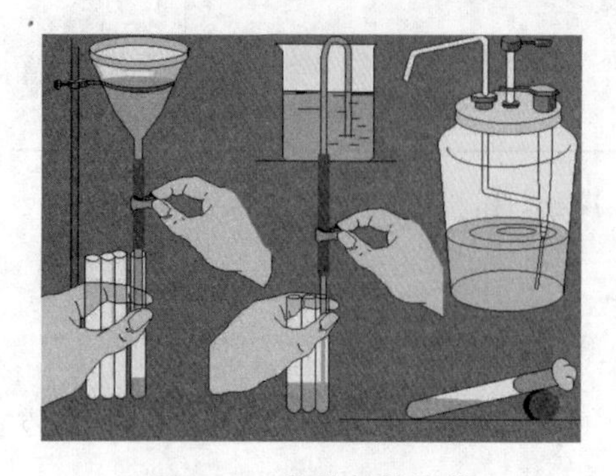

图 2-3　培养基的分装

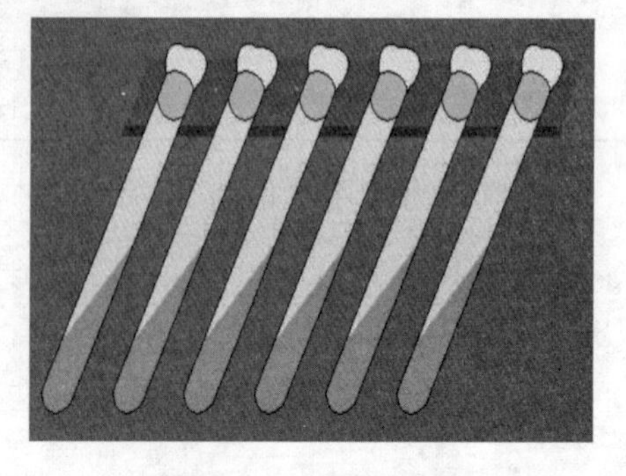

图 2-4　斜面的放置

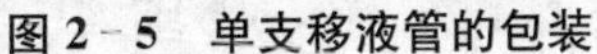

图 2-5　单支移液管的包装

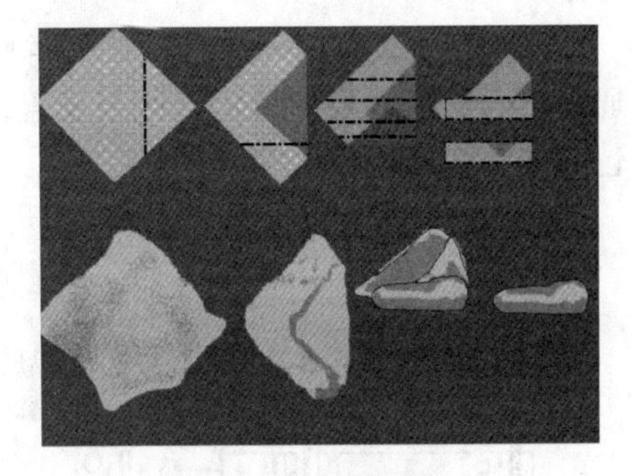

图 2-6　棉塞的制作

此外，在微生物实验和科研中，往往要用到通气塞，即用几层纱布(一般 8 层)相互重叠而成，或是在两层纱布间均匀铺一层棉花而成。这种通气塞通常加在装有液体培养基的三角烧瓶口上。经接种后，放在摇床上进行振荡培养，以获得良好的通气促使菌体的生长或发酵，通气塞的形状如图 2-7 所示。

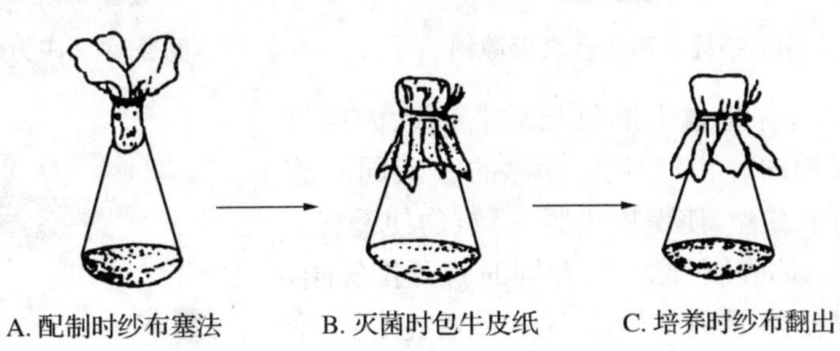

图 2-7　通气塞

2. 其他灭菌物品的准备

(1) 每组准备 1 mL 枪头 1 盒。

(2) 每组包装 18 个培养皿。

(3) 1、4 组各一个 250 mL 三角瓶装 99 mL 无菌水、10 粒玻璃珠加塞、包装。3 组 1 个 250 mL 三角瓶装 95 mL 无菌水、10 粒玻璃珠加塞、包装。

(4) 每组离心管装 4.5 mL 无菌水 6 个、加塞、包装。

所有物品都要贴好标签(培养基，组别，班别)。

(二) 灭菌

1. 手提式高压蒸汽灭菌锅的使用操作步骤

(1) 首先将内层灭菌桶取出，再向外层锅内加入适量的水，使水面与三角搁架相平为宜。

(2) 放回灭菌桶,并装入待灭菌物品。注意不要装得太挤,以免妨碍蒸汽流通而影响灭菌效果。三角烧瓶与试管口端均不要与桶壁接触,以免冷凝水淋湿包口的纸而透入棉塞。

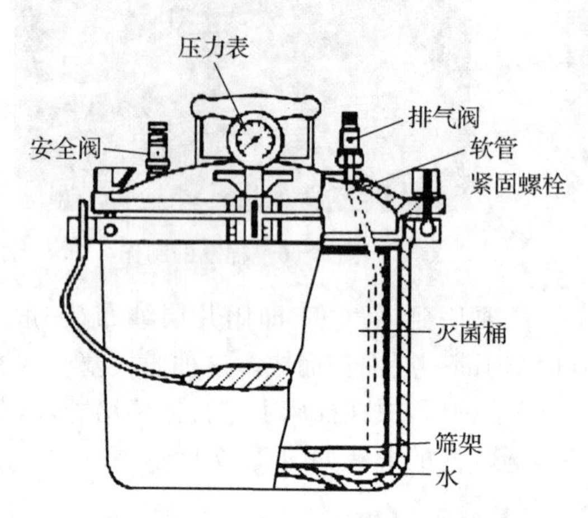

图 2-8　手提式高压蒸汽灭菌锅

图 2-9　压力表

(3) 加盖,并将盖上的排气软管插入内层灭菌桶的排气槽内。再以两两对称的方式同时旋紧相对的两个螺栓,使螺栓松紧一致,勿使漏气。

(4) 用电炉或煤气加热,并同时打开排气阀,使水沸腾以排除涡内的冷空气。待冷空气完全排尽后,关上排气阀,让锅内的温度随蒸汽压力增加而逐渐上升。当锅内压力升到所需压力时,控制热源,维持压力至所需时间。本实验用 1.05 kg/cm^2,121.3℃,20 min 灭菌。

(5) 灭菌所需时间到后,切断电源或关闭煤气,让灭菌锅内温度自然下降,当压力表的压力降至 0 时,打开排气阀,旋松螺栓,打开盖子,取出灭菌物品。如果压力未降到 0 时,打开排气阀,就会因锅内压力突然下降,使容器内的培养基由于内外压力不平衡而冲出烧瓶口或试管口,造成棉塞沾染培养基而发生污染。

(6) 将取出的灭菌培养基放入 37℃ 温箱培养 24 h,经检查若无杂菌生长,即可待用。

图 2-10　实验室高压蒸汽灭菌锅

2. 实验室高压蒸汽灭菌锅操作步骤

(1) 开盖

提示:开盖前必须确认压力表指针归零,锅内无压力。

按(图 2-11)向左转动手轮数圈,直至转动到顶,使锅盖充分提起,拉起左立柱上的保险销(图 2-12),向右推开横梁(图 2-13)移开锅盖。

图 2-11

图 2-12

图 2-13

(2) 通电

接通的电源,将控制面板上的电源开关按至 ON 处,此时欠压蜂鸣器响(图 2-14)显示本机锅内无压力(当锅内压力升至约 0.03 MPa 时蜂鸣器自动关闭),观察水位灯。

。

图 2-14

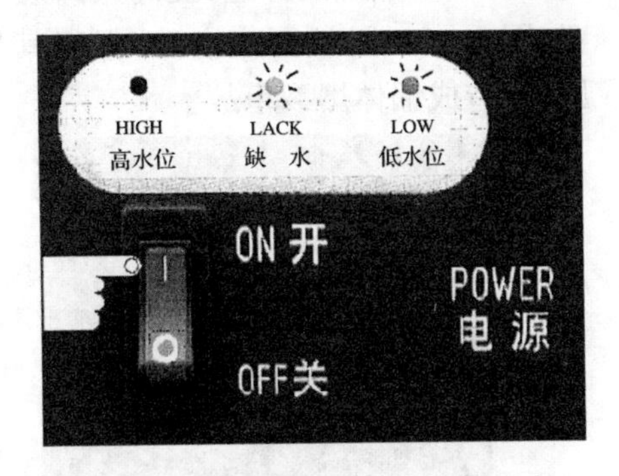

图 2-15

(3) 加水

开启锅盖后,将纯水或生活用水直接注入蒸发锅内约 8 L(图 2-16),同时观察控制面板(图 2-17)上的水位灯,当加水至低水位灯灭,应继续加水至高水位灯亮时停止加水(每次使用前均需补足上述水位)。当加水过多发现内胆中有存水时,应开启下排气阀放去内胆中的多余水量(图 2-18)。

图 2-16

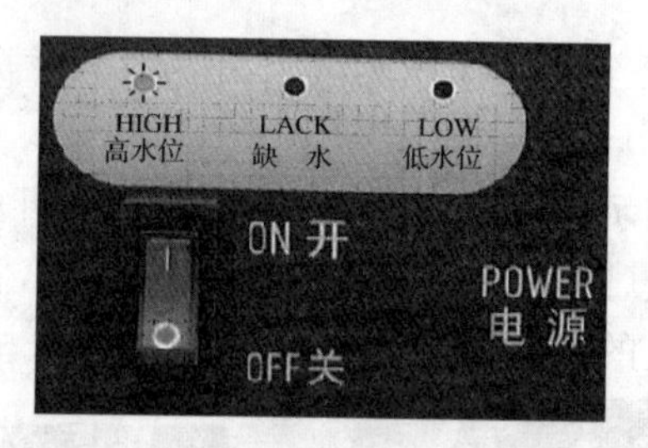

图 2-17

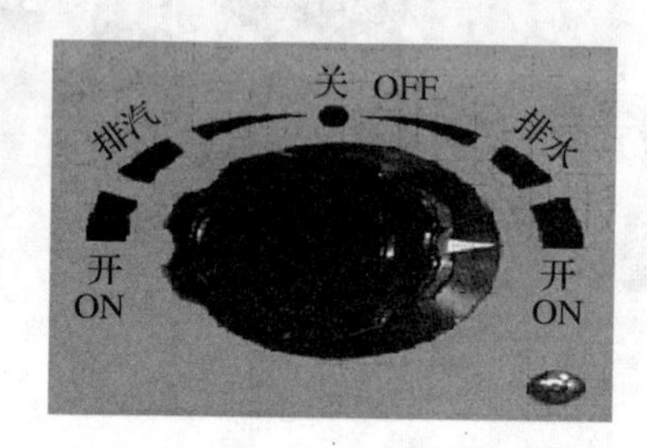

图 2-18

(4) 堆放

将包扎的灭菌物品,各包之间留有间隙,依次堆放在灭菌筐内(图 2-19),这样有利于蒸汽的穿透,提高灭菌效果。堆放灭菌包时应注意安全阀放汽孔位置(图 2-20)必须留出空隙,保障其畅通放汽,否则因安全阀汽孔堵塞未能泄压,易造成锅体爆裂事故。

图 2-19

图 2-20

(5) 密封

按(图 2-21)把横梁推向左立柱内,横梁必须全部推入立柱槽内(图 2-22),手动保险销自动下落锁住横梁。将手轮向右旋转,使锅盖向下压紧锅体(图2-23),加力使之充分密合,致使密封开关处于接通状态。当联锁灯亮时(图 2-24),显示容器密封到位。

图 2-21

图 2-22

图 2-23

图 2-24

(6) 设定温度与时间

操作前请观看控制面板(图 2-25)各部位名称。

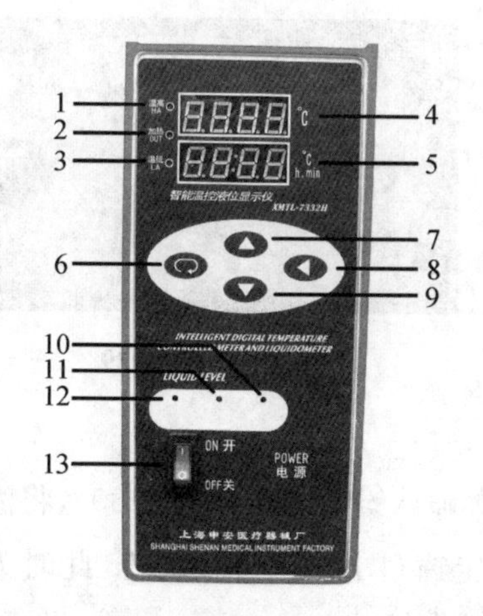

1-高温指示灯
2-工作加热灯
3-低温指示灯
4-阅读工作状态数显窗(红色)
5-温度、时间设定数显窗(绿色)
6-确认键
7-增加键
8-移位键
9-减少键
10-低水位灯
11-缺水灯
12-高水位灯
13-电源开关

图 2-25

通电后控制面板上的数显窗灯亮，上层红色数显是阅读温度、工作显示，下层绿色数显是设定温度时间的设定数显示，温度有效可调范围 50℃～126℃，当超出范围，将由安全阀控制灭菌室内的泄压及恒温。时间可调范围 0～99 h(实际有效时间将根据蒸发锅内水位高低而定)，时间运行采用倒计时形式，当灭菌桶内达到所设定的温度，计时器才开始倒计时。

设定温度操作步骤：

① 按动一下确认键 (图 2－26)开启设定窗内数显调整块，观察绿色数显(图 2－27)在闪烁表示可以进行设定状态。

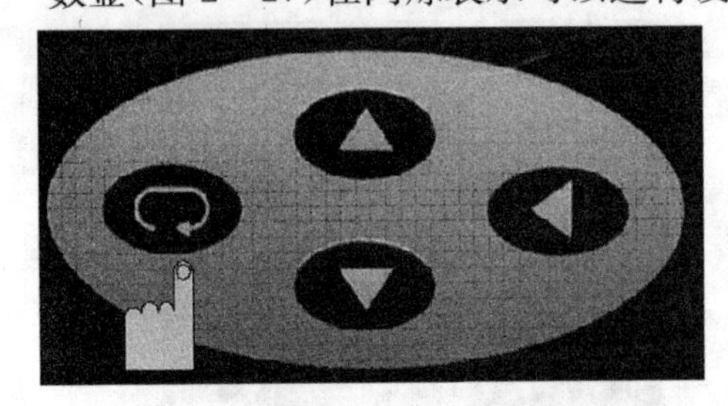

图 2－26

图 2－27

② 按动增加键 (图 2－28)可将温度上调或按动减少键 (图 2－28)可将温度下调。所需温度调整后，须继续按动两次确认键 (图 2－29)进行新设定数据的确认。确认后设定温度程序完毕。

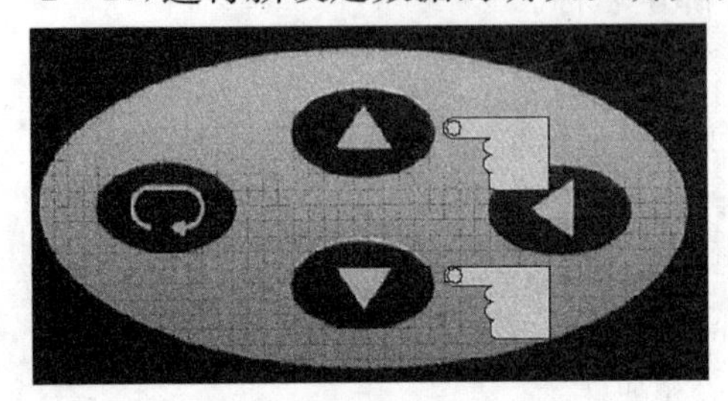

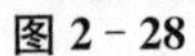

图 2－28

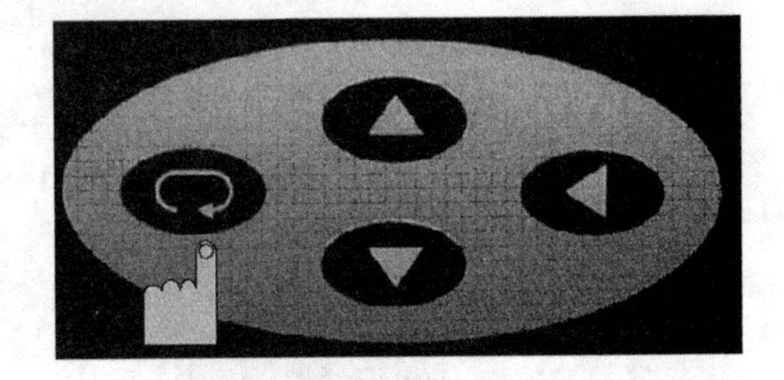

图 2－29

设定时间操作步骤：

① 温度设定完成后，只需再按动一次确认键 (图 2－30)，将温度显示切换成时间显示状态。当观察到绿色设定窗(图 2－31)在闪烁，此时为时间设定显示状态，数显窗前两位为小时，后两位为分钟。

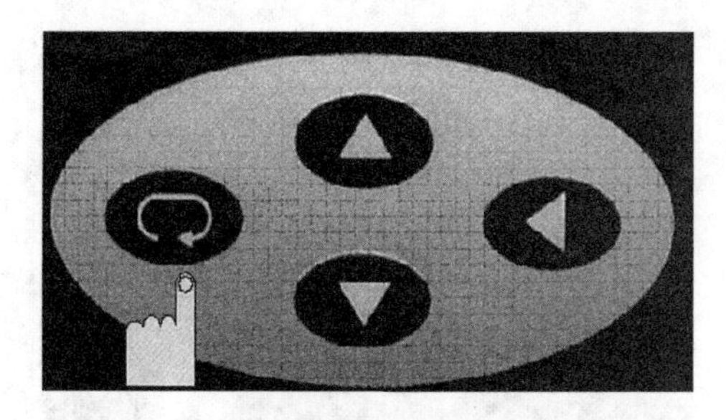

图 2 - 30

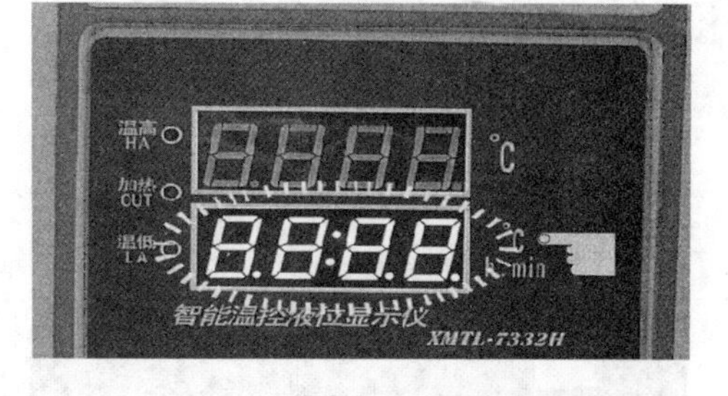

图 2 - 31

② 按动增加键（图 2 - 32）可将时间上调或按动减少键（图 2 - 32）可将时间下调。

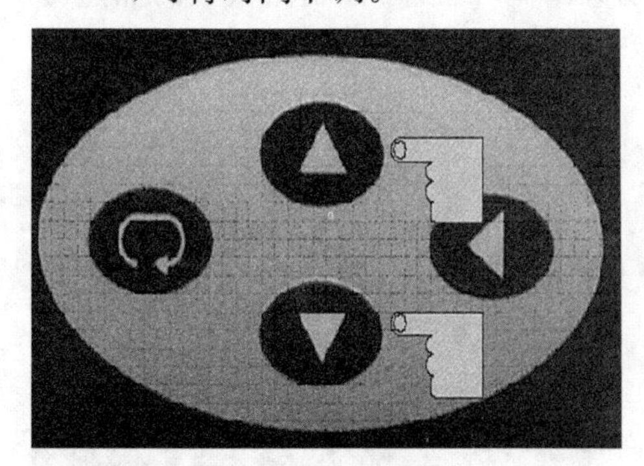

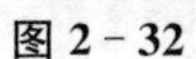

图 2 - 32

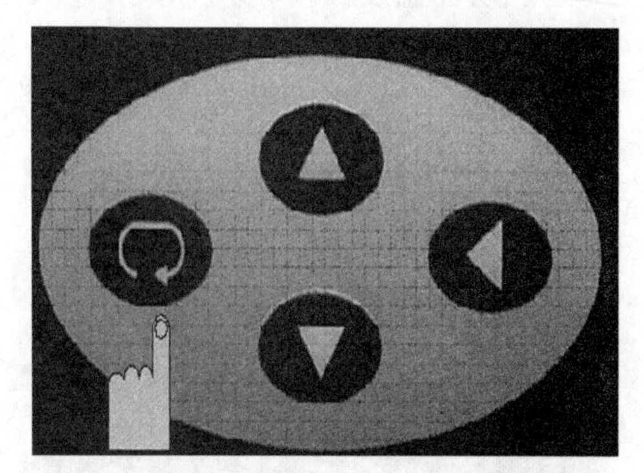

图 2 - 33

③ 所需保温时间调整后，须继续按动二次确认键（图 2 - 33）进行新设定时间的确认。确认后时间设定程序完毕。

提示：

当设定失败或操作错误，需重新调整数据，只须按动确认键（图 2 - 34），选择温度或时间。当绿色设定窗数据在闪烁，即可重新设定。

移位键（图 2 - 35）功能只能在设定数显状态对闪烁的数据进行移位，便于快速调整数据。

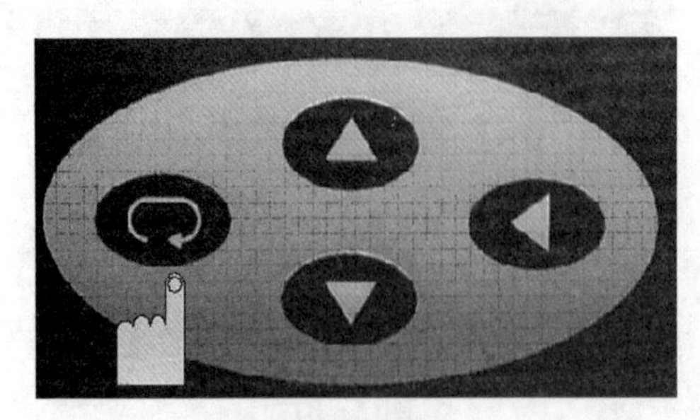

图 2-34

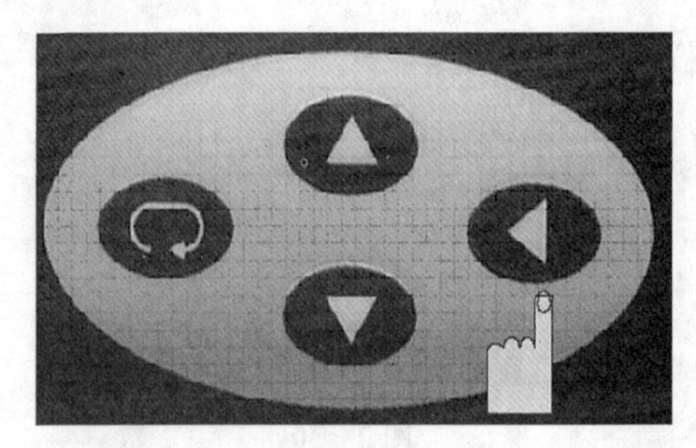

图 2-35

(7) 排冷空气

当所需温度、时间设定完毕，进入自动灭菌循环程序，控制面板上的加热灯亮(图 2-36)，显示灭菌室内正在正常加热升温升压。打开排气阀，排除锅内的冷空气(图 2-37)。(急的白气，嗞嗞声，约 10 min)

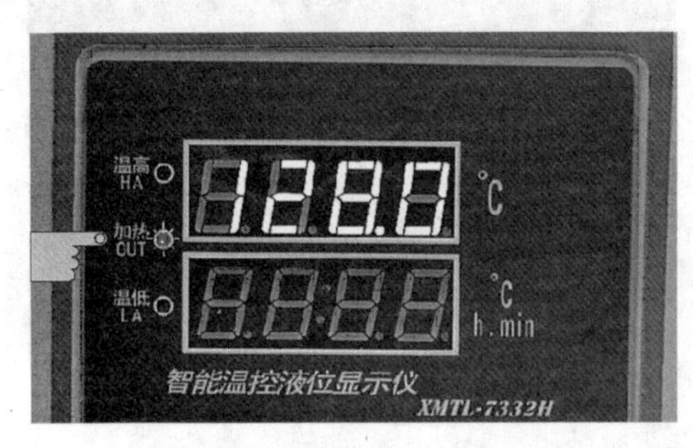

图 2-36

图 2-37

(8) 灭菌

关闭排气阀，温度不断升高，当灭菌室内达到所设定温度时，加热灯灭，显示正在保温状态，同时自动控制系统开始进行灭菌倒计时，并在控制面板上的设定窗内(图 2-38)正在显示出所需灭菌的时间。

图 2-38

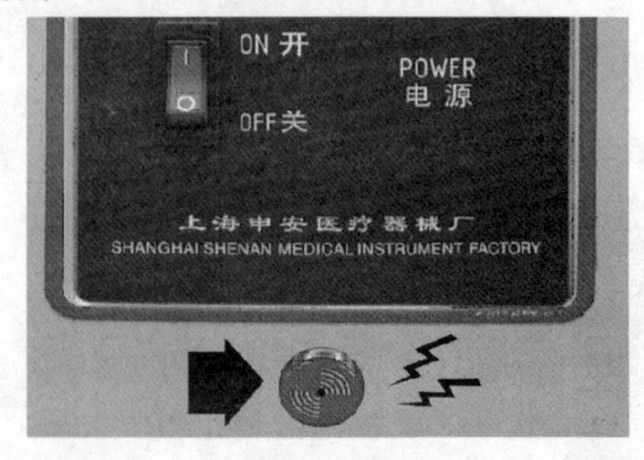

图 2-39

灭菌完成，自动控装置将自动关闭加热系统，并伴有报警提醒（图 2－39）；保温时间自动切换成 End 显示，此时，应将控制面板上电源开关按至 OFF（图 2－40）；关闭电源。待压力表指针回落零位后，观察图（图 2－41）中箭头所示位置，开启安全阀或排气排水总阀，放净灭菌室内余气。

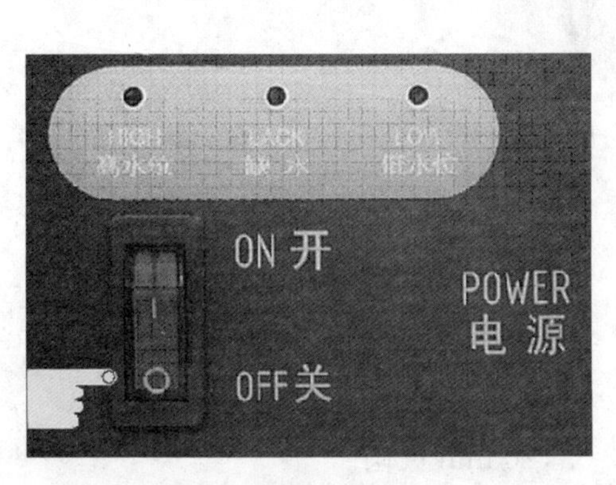

图 2－40

图 2－41

(9) 启盖

提示：开盖前必须确保压力表归零，并切断电源。

压力表指针归零后按（图 2－42）向左转动手轮数圈，直至转动到顶，使锅盖充分提起，拉起左立柱上的保险销（图 2－43），向右推开横梁（图 2－44）移开锅盖。

图 2－42

图 2－43

图 2 - 44

实验室高压蒸汽灭菌锅操作步骤：

(1) 插上电源，打开开关。

(2) 加入适量的水，使高水位灯亮。

(3) 放灭菌物品。

(4) 拧盖。

(5) 调灭菌参数：1.05 kg/cm^2，121.3 ℃，20 min 灭菌。

(6) 打开放气阀，排除锅内的冷空气。

排气彻底时，气孔排出的白色雾气很急并伴有清晰的"兹兹"声。一般排气时间约 10 min。

也可关闭放气阀，等压力升至"0.05 kg/cm^2"，再打开放气阀，直至压力重新降到"0"。

(7) 关闭放气阀，加热。

(8) 听到结束警报声，且显示屏上出现"end"，则切断电源。

(9) 自然冷却，当压力表的压力降至"0"时，打开盖子，略候，取出灭菌物品。

注意事项

1. 加水；
2. 冷空气彻底排除；
3. 压力降为"0"时方可打开。

（三）摆斜面

所有试管装的固体培养基都要摆斜面。

（四）倒平板

所有三角瓶装的固体培养基都可拿出后摇匀，直接倒平板备用或者留待使用前倒平板。

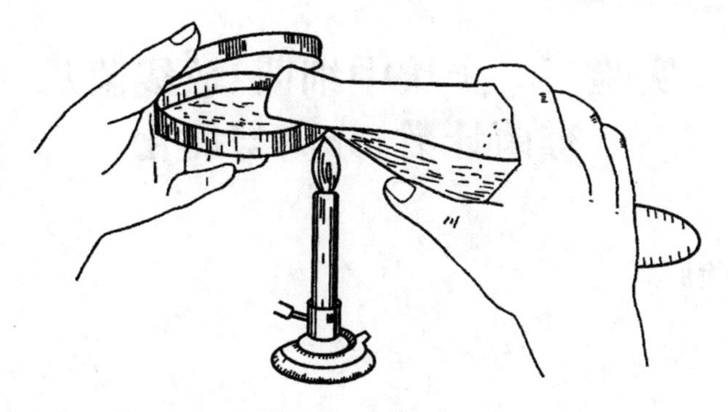

图 2－45　倒平板

思考题

1. 高压蒸汽灭菌开始之前，为什么要将锅内冷空气排尽？
2. 灭菌完毕后，为什么待压力降低"0"时才能打开排气阀，开盖取物？
3. 在使用高压蒸汽灭菌锅灭菌时，怎样杜绝一切不安全的因素？
4. 灭菌在微生物实验操作中有何重要意义？
5. 为什么灭菌完成后，要及时摆斜面，并最好能将平板倒好？

实验三　土壤中细菌、放线菌及霉菌计数、分离与纯化

一、实验原理

（一）分离、纯化

在自然界中，不同种类的微生物绝大多数都是混杂生活在一起的，为了生产和科学研究的需要，当我们希望获得某一种微生物时，就必须从混杂的微生物类群中分离出它，以得到只含有这一种微生物的纯培养物，这种获得纯培养物的方法称为微生物的分离与纯化。

分离、纯化挑取由单个细胞繁殖而来的菌落（单菌落）进行培养就可以获得由一个细胞繁殖而来的纯系。

1. 用固体培养基分离纯培养

通常采用平板涂布、倾注或划线法获得单菌落。

平板涂布：使用较多的常规方法，但有时涂布不均匀，涂布结果如图 3－1 所示。

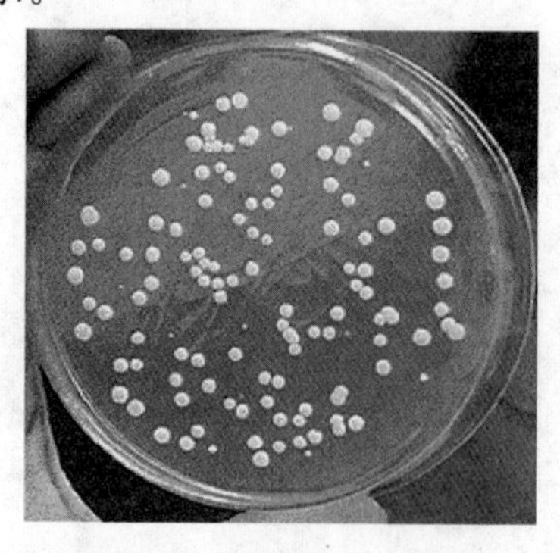

图 3－1　平板涂布培养结果

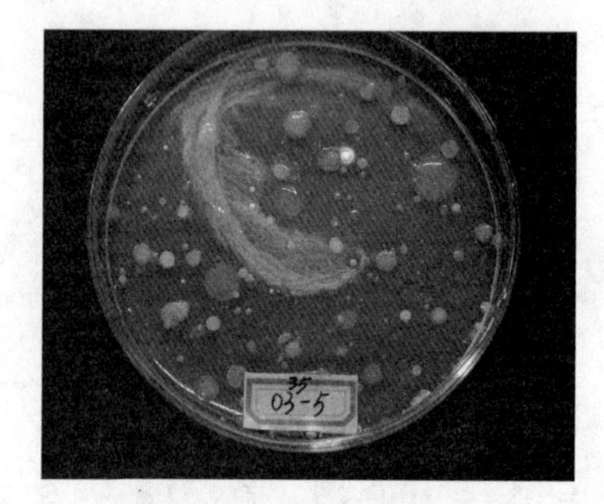

图 3－2　倾注培养结果

倾注：操作较麻烦，对好氧菌、热敏感菌效果不好，倾注培养结果如图 3－2 所示。

平板涂布、倾注还可以进行菌落计数。

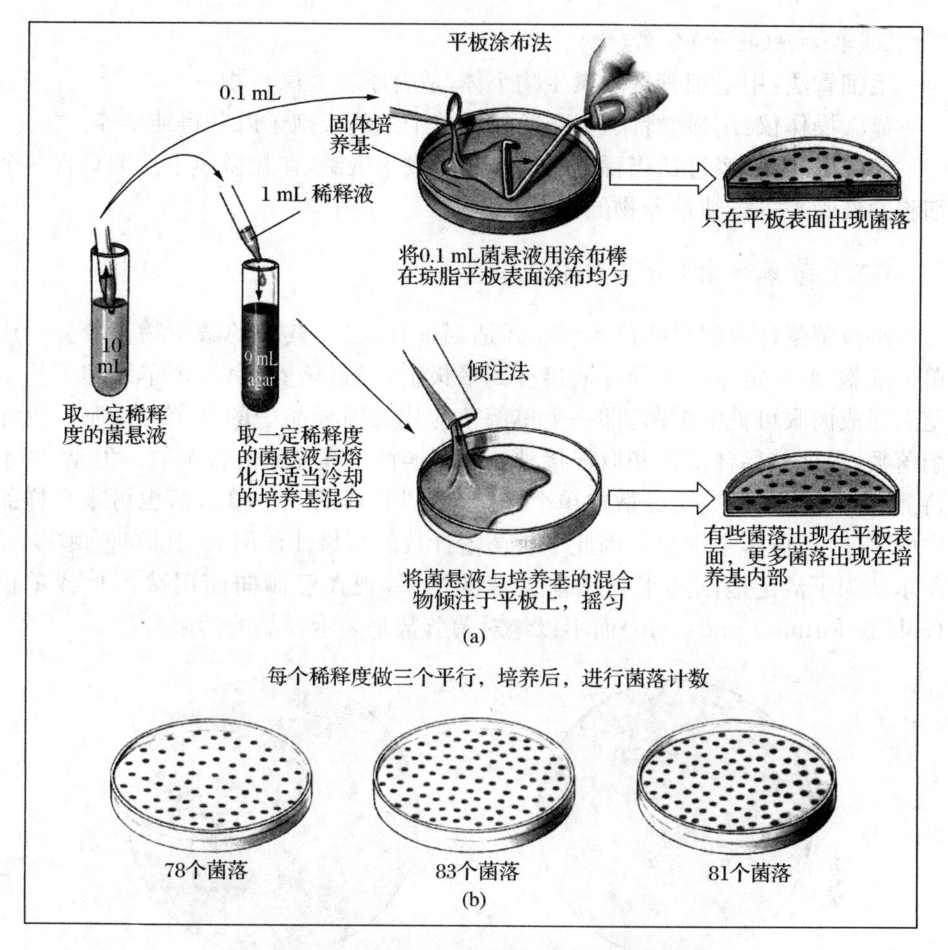

图 3－3　平板涂布和倾注操作过程比较

当不需计数，只是想分离某种菌时，可以考虑通过平板划线来得到单菌落，划线培养结果如图 3－4 所示。

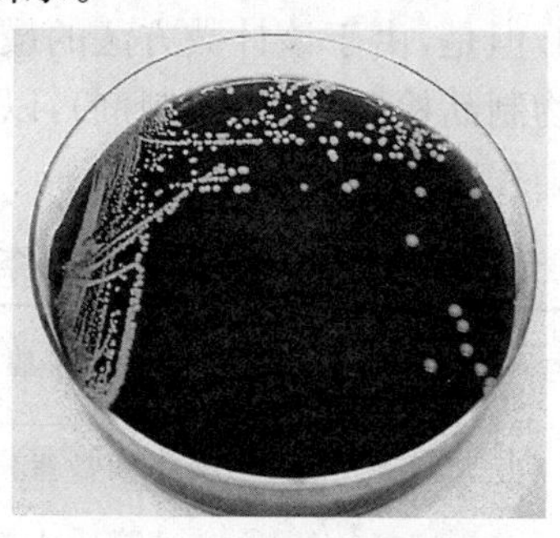

图 3－4　划线培养结果

2. 单细胞(孢子)分离

毛细管法:用毛细管提取微生物个体,适合于较大微生物。

显微操作仪:用显微针、钩、环等挑取单个细胞或孢子以获得纯培养。

小液滴法:将经过适当稀释后的样品制成小液滴,在显微镜下选取只含一个细胞的液滴来进行纯培养物的分离。

(二) 菌落计数(分离纯化)原理

平板菌落计数法是将待测样品经适当稀释之后,其中的微生物充分分散成单个细胞,取一定量的稀释样液接种到平板上,经过培养,由每个单细胞生长繁殖而形成肉眼可见的菌落,即一个单菌落应代表原样品中的一个单细胞。统计菌落数,根据其稀释倍数和取样接种量即可换算出样品中的含菌数。但是,由于待测样品往往不易完全分散成单个细胞,所以长成的一个单菌落也可来自样品中的2～3或更多个细胞。因此平板菌落计数的结果往往偏低,其原理如图3-5所示。为了清楚地阐述平板菌落计数的结果,现在已倾向使用菌落形成单位(colony-forming units,cfu)而不以绝对菌落数来表示样品的活菌含量。

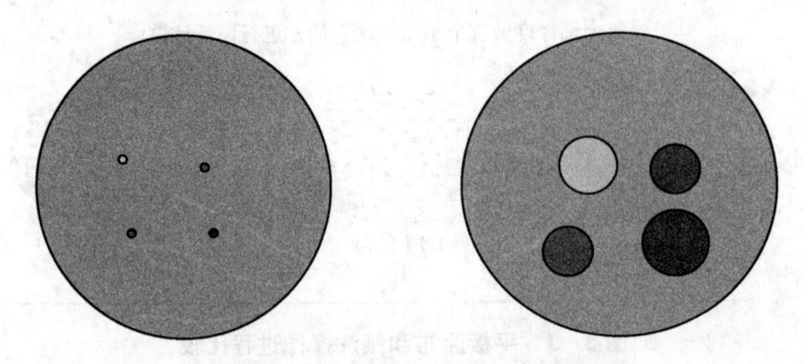

图3-5　菌落计数(分离纯化)原理

平板菌落计数法虽然操作较繁,结果需要培养一段时间才能取得,而且测定结果易受多种因素的影响,但是,由于该计数方法的最大优点是可以获得活菌的信息,所以被广泛用于生物制品检验(如活菌制剂),以及食品、饮料和水(包括水源水)等的含菌指数或污染程度的检测。

表3-1　土壤四大类微生物的分离培养条件和方法

样品来源	分离对象	分离方法	稀释度	培养基	培养温度(℃)	培养时间(d)
土样	细菌	稀释分离	10^{-5},10^{-6},10^{-7}	牛肉膏蛋白胨	30～37	1～2
土样	放线菌	稀释分离	10^{-3},10^{-4},10^{-5}	高氏1号	28	5～7

（续表）

样品来源	分离对象	分离方法	稀释度	培养基	培养温度(℃)	培养时间(d)
土样	霉菌	稀释分离	10^{-2}, 10^{-3}, 10^{-4}	马丁氏	28～30	3～5
土样	酵母菌	稀释分离	10^{-4}, 10^{-5}, 10^{-6}	酵母膏胨葡萄糖	28～30	2～3

二、实验材料

1. 土样

长势很好的蔬菜田，铲去表土层 2 cm～3 cm 深土壤 10 g，尽量松软。

2. 培养基(平板及斜面)

牛肉膏蛋白胨培养基，高氏 1 号培养基，马丁氏培养基(链霉素、孟加拉红、去氧胆酸钠)，酵母膏胨葡萄糖。

3. 无菌水

250 mL 三角瓶装，99 mL 无菌水 2 瓶，250 mL 三角瓶装，95 mL 无菌水(霉菌)，每瓶装 10 粒玻璃珠。每组 5 支离心管，装 9 mL 无菌水。

4. 其它物品

无菌培养皿，无菌玻璃涂棒，称量纸，试管架，药勺，10%酚溶液，接种环。

三、实验内容

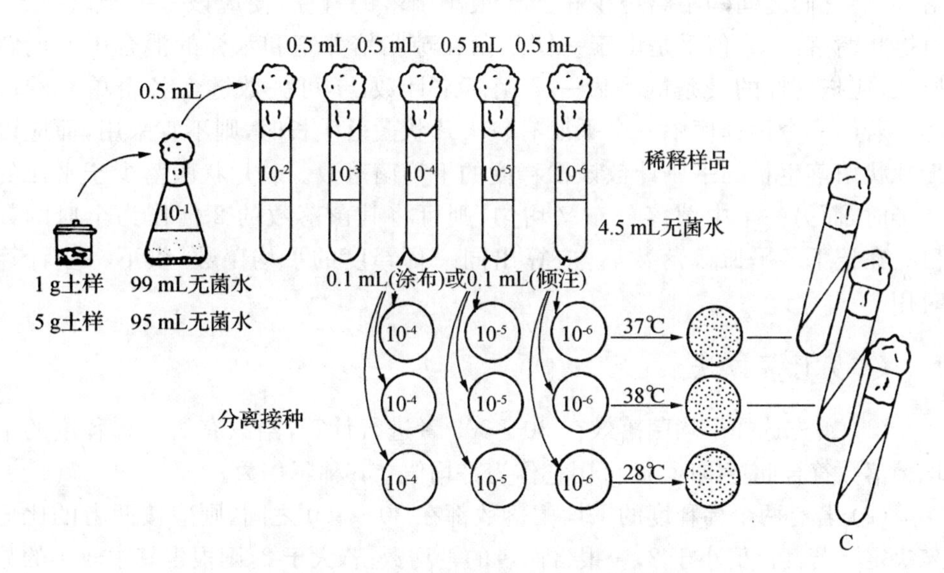

图 3－6　土壤中分离某种生物的过程

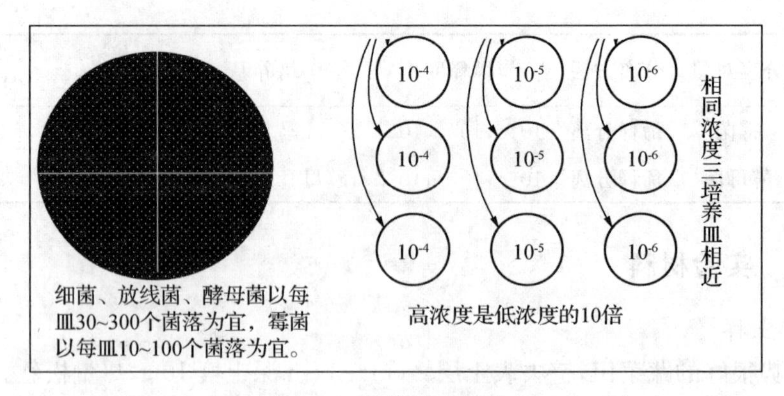

图 3-7　计数的理想状态

计数公式：

$$\text{每克样品中微生物的活细胞数 CFU/g（细菌或放线菌或霉菌或酵母菌）}=\frac{\text{某一稀释度的平板上菌落平均数}\times\text{稀释倍数}}{\text{每个平板上加入的 mL 数}\times\text{含菌样品克数}}$$

（一）菌落计算原则

平皿菌落的计算：可用肉眼观察，必要时用放大镜检查，防止遗漏，也可借助于菌落计数器计数。对那些看来相似，并且长得相当接近，但并不相触的菌落，只要它们之间的距离至少相当于最小菌落的直径，便应该一一予以计数。对链状菌落：看来似乎是由于一团细菌在琼脂培养基和水样的混合中被崩解所致，应把这样的一条链当做一个菌落来计数，不可去数链上各个单一的菌链。若同一个稀释度中一个平皿有较大片状菌落生长时，则不宜采用，而应以无片状菌落生长的平皿计数该稀释度的平均菌落数。若片状菌落少于平皿的一半时，而另一半中菌落分布又均匀，则可将其菌落数的 2 倍作为全皿的数目。在记下各平皿菌落数后，应算出同一稀释度的平均菌数，供下一步计算时用。

（二）计算方法

（1）首先选择平均菌落效在 30～300 者进行计算，当只有一个稀释度的平均菌落数符合此范围时，即可用它作为平均值乘其稀释倍数。

（2）若有两个稀释度的平均菌落数都在 30～300 之间，则应按两者的比值来决定。若其比值小于 2，应报告两者的平均数；若大于 2，则报告其中较小的数字（见表 3-2）。

表 3-2　稀释度选择及菌落报告方式

例次	不同稀释度的平均菌落数			两个稀释度菌落数之比	菌落总数(CFU/g)
	10^{-1}	10^{-2}	10^{-3}		
1	1 360	164	20	—	16 400
2	2 760	295	46	1.6	37 750
3	2 890	271	60	2.2	27 100
4	无法计数	4 651	513	—	513 000
5	27	11	5	—	270
6	无法计数	305	12	—	30 500

注：土样为 1 g，每个平板上加入 1 mL 菌液。

(3) 如果所有稀释度的平均菌落数均大于 300，则应按稀释度最高的平均菌落数乘以稀释倍数报告。

(4) 若所有稀释度的平均菌落数均小于 30，则应按稀释度最低的平均菌落数乘以稀释倍数报告。

(5) 如果全部稀释度的平均菌落数均不在 30～300 之间，则以最接近 300 或 30 的平均菌落数乘以稀释倍数报告。

(6) 菌落计数的报告，菌落在 100 以内时按实有数报告；大于 100 时，采用二位有效数字；在二位有效数字后面的数值，以四舍五入方法计算。为了缩短数字后面的零数也可用 10 的指数来表示。在所需报告的菌落数多至无法计算时，应注明水样的稀释倍数。

四、实验步骤

(一) 细菌的稀释分离计数

1. 稀释样品

称取土样 1 g，在火焰旁加入到有 99 mL 的无菌水三角瓶中，振荡 10 min～20 min，制成 10^{-2} 的稀释液。

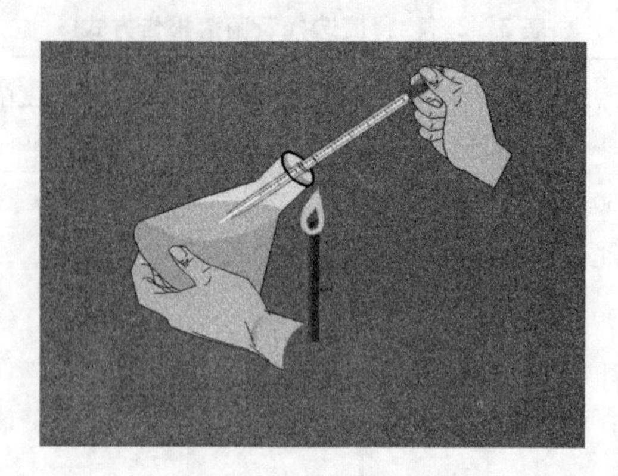

图 3-8　无菌吸取过程

再用移液枪在 10^{-2} 的稀释液吹吸 3 次，然后从 10^{-2} 的稀释液里取 0.5 mL 加入到标有 10^{-3} 的 4.5 mL 无菌水中，在左手上敲打、上下翻转 20 次～30 次，制成 10^{-3} 倍液。依次制成 10^{-4}、10^{-5}、10^{-6}、10^{-7} 倍液稀释过程及原理如图 3-9 所示。

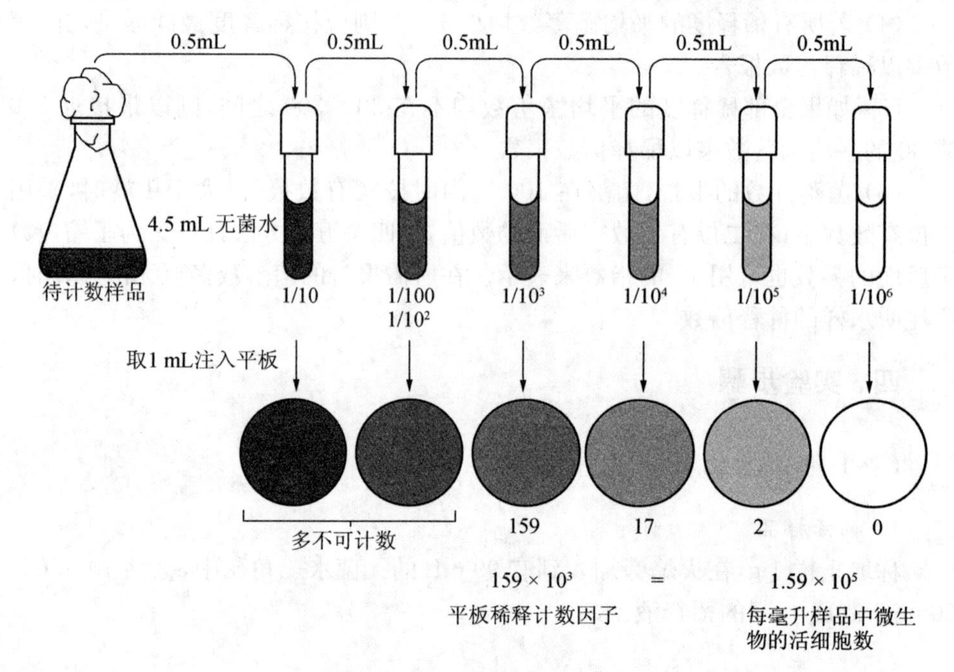

图 3-9　稀释过程及原理

2. 涂布法分离细菌并计数

取牛肉膏蛋白胨培养基融化并倒平板(9 个)，培养皿贴上标签，分别标上 10^{-5}、10^{-6}、10^{-7}，每种浓度设三个重复，标签上同时注明“细菌”组别，班别等信息。

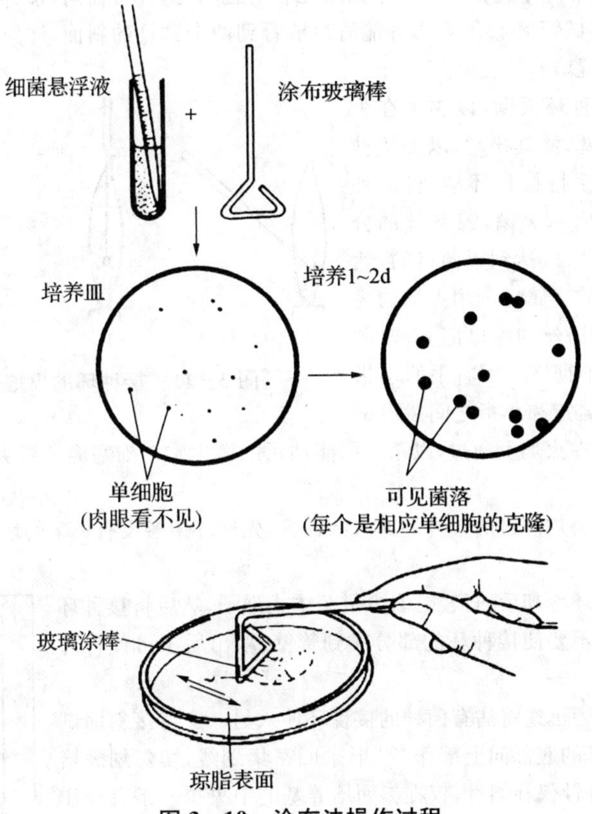

图 3－10　涂布法操作过程

待培养基冷却后每皿分别对应加入 0.1 mL 的 10^{-5}，10^{-6}，10^{-7} 的稀释液，用无菌玻璃涂棒自平板中央均匀向四周涂布操作过程如图 3－10 所示。冷凝后 30℃倒置培养 24 h～48 h，计数，每组挑取某个菌落，平板纯化培养 24 h～48 h，挑取单菌落斜面(2 支)划线培养。

附 1：斜面划线接种技术

斜面接种是从已生长好的菌种斜面上挑取少量菌种移植至另一新鲜斜面培养基上的一种接种方法。具体操作如下：

① 贴标签：接种前在试管上贴标签，注明菌名、接种日期、接种人姓名等。贴在距试管口约 2 cm～3 cm，面对着斜面的位置。也可用记号笔注明上述内容。

② 点燃酒精灯。

③ 接种：用接种环将少许菌种移接到贴好标签的试管斜面上。接种操作必须按无菌操作法进行，可以手持 1 根管，也可手持两根管操作。

手持两根管斜面划线技术要点如下：

手持试管：持在左手拇指、食指、中指及无名指之间，菌种管在前，接种管在后，斜面向上管口对齐，应斜持试管呈45°～50°，并能清楚地看到两个试管的斜面，注意不要持成水平，以免管底凝集水浸湿培养基表面。

拔管塞和接种环灭菌：以右手在火焰旁转动两管棉塞，使其松动，以便接种时易于取出。右手持接种环柄，将接种环按照图3-11所示灭菌，镍铬丝部分(环和丝)必须烧红，以达到灭菌目的，然后将除手柄部分的金属杆全用火焰灼烧一遍，尤其是接镍铬丝的螺口部分，要彻底灼烧以免灭菌不彻底。用右手的小指和手掌之间及无名指和小指之间拨出试管棉塞，将试管口在火焰上通过，以杀灭可能玷污的微生物。棉塞应始终夹在手中如掉落应更换无菌棉塞。

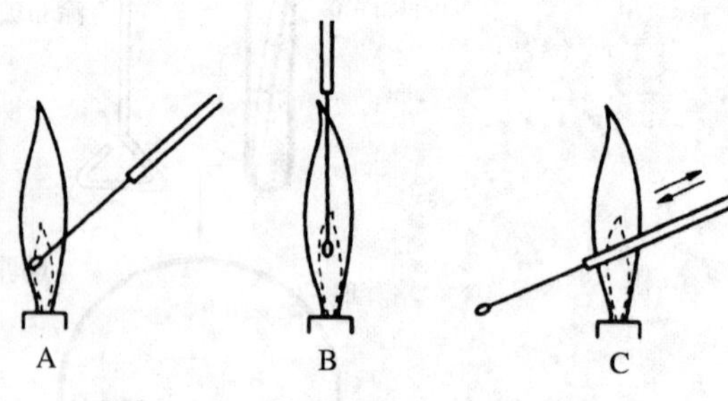

图3-11　接种环的火焰灭菌步骤

接种环冷却：将灼烧过的接种环伸入菌种管，先使环接触没有长菌的培养基部分，至少冷却5 s。

取菌：待接种环冷却后，轻轻蘸取少量菌体或孢子，然后将接种环移出菌种管，注意不要使接种环的部分碰到管壁，取出后不可使种环通过火焰。

接种：在火焰旁迅速将沾有菌种的接种环伸入另一支待接斜面试管。从斜面培养基的底部向上部作"Z"形来回密集划线，切勿划破培养基。也可用接种针仅在斜针，仅在斜面培养基的中央拉一条直线作斜面接种，直线接种可观察不同菌种的生长特点。见图3-12。

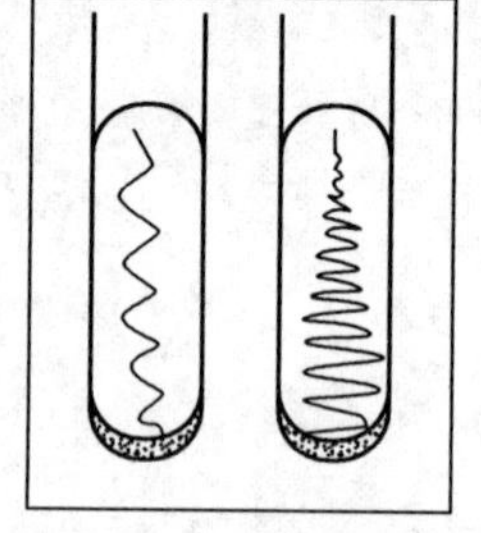
图3-12　斜面线条

塞管塞：取出接种环，灼烧试管口，并在火焰旁将管塞旋上。塞棉塞时，不要用试管去迎棉塞，以免试管在移动时纳入不洁空气。将接种环灼烧灭菌，放下接种环，再将棉花塞旋紧。

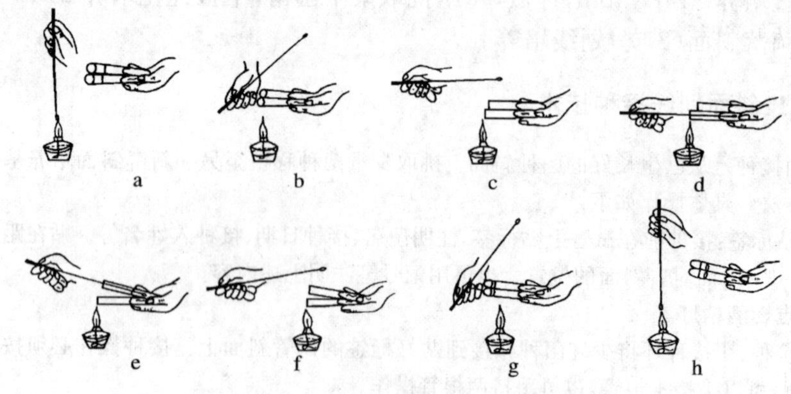

图3-13　手持两根管的斜面划线过程

对“③接种”也可手持1根管斜面划线，技术要点如下：

手持试管：将菌种斜面握在左手中，斜持试管呈45～50°。

拔管塞和接种环灭菌：以右手在火焰旁转动试管棉塞，使其松动，以便接种时易于取出。右手持接种环柄，将接种环按照图3－11所示灭菌。用右手的小指和手掌之间及无名指和小指之间拔出试管棉塞，将试管口在火焰上通过，以杀灭可能玷污的微生物。棉塞应始终夹在手中如掉落应更换无菌棉塞。

接种环冷却：将灼烧过的接种环伸入接种管，先使环接触没有长菌的培养基部分，使其冷却。

取菌：待接种环冷却后，轻轻蘸取少量菌体或孢子，然后将接种环移出菌种管，注意不要使接种环的部分碰到管壁，取出后不可使种环通过火焰。塞上棉塞，放试管于试管架上，取出待接斜面（动作要快）。

接种：用同样的方法拔管塞试管口缓缓过火灭菌，试管口缓缓过火灭菌，在火焰旁迅速将沾有菌种的接种环伸入另一支待接斜面试管。从斜面培养基的底部向上部作“Z”形来回密集划线。也可用接种针仅在斜针，仅在斜面培养基的中央拉一条直线作斜面接种，直线接种可观察不同菌种的生长特点。

塞管塞：取出接种环，灼烧试管口，并在火焰旁将管塞旋上。塞棉塞时，不要用试管去迎棉塞，以免试管在移动时纳入不洁空气。

将接种环灼烧灭菌，放下接种环，再将棉花塞旋紧。

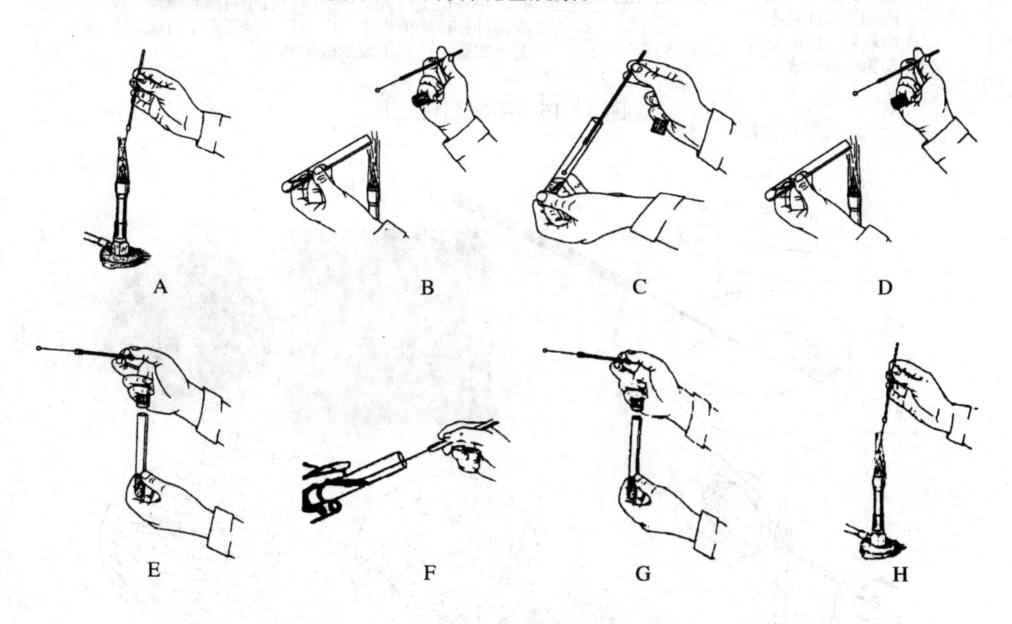

图3－14　手持1根管的斜面划线过程

附 2:平板划线(获得单菌落)

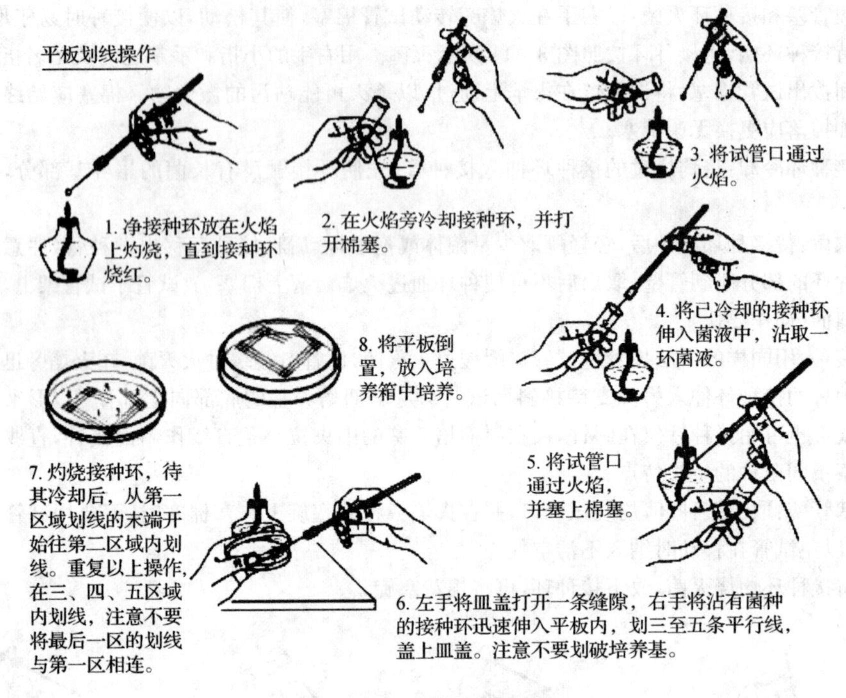

图 3-15　平板划线过程

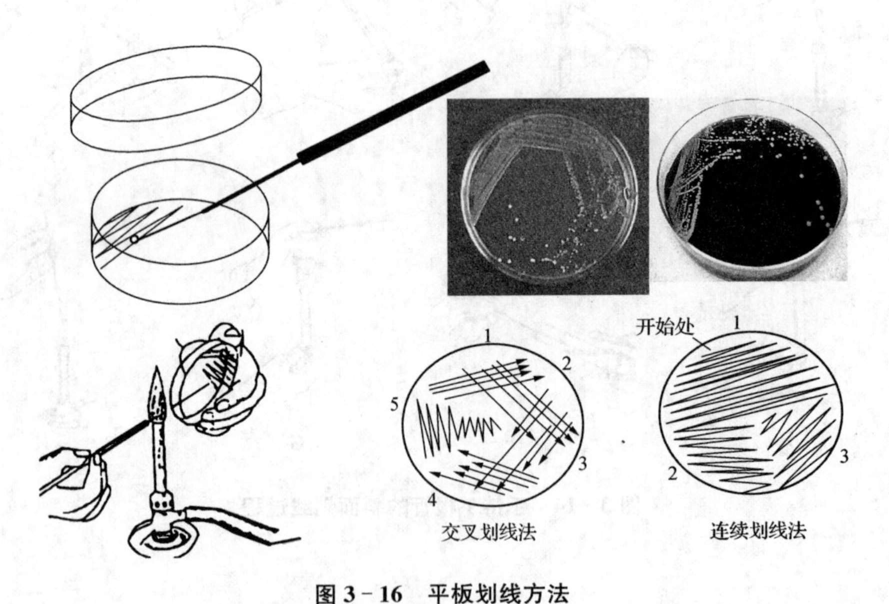

图 3-16　平板划线方法

（二）酵母菌的稀释分离计数

1. 稀释样品

称取土样 1 g，在火焰旁加入到有 99 mL 的无菌水三角瓶中，振荡 10～20 min，制成 10^{-2}的稀释液。

再用移液枪在 10^{-2}的稀释液吹吸 3 次，然后从 10^{-2}的稀释液里取 0.5 mL 加入到标有 10^{-3}的 4.5 mL 无菌水中，在左手上敲打、上下翻转 20～30 次，制成 10^{-3}倍液。依次制成 10^{-3}、10^{-4}、10^{-5}倍液。

2. 涂布法分离酵母菌并计数

取酵母膏胨葡萄糖培养基融化并倒平板（9 个），培养皿贴上标签，分别标上 10^{-3}、10^{-4}、10^{-5}，每种浓度设三个重复，标签上同时注明“酵母菌”组别，班别等信息。

待培养基冷却后每皿分别对应加入 0.1 mL 的 10^{-4}、10^{-5}、10^{-6}的稀释液，用无菌玻璃涂棒自平板中央均匀向四周涂布。冷凝后 30℃倒置培养 48 h～72 h，计数。每组挑取某个大而厚的菌落（1 支）划线培养。

（三）放线菌的分离计数

倾注法分离放线菌并计数

称取土样 1 g，在火焰旁加入到有 99 mL 的无菌水三角瓶中，再加入 10 滴 10%的酚溶液（10%的酚溶液的作用抑制细菌的生长），振荡 10～20 min，分别稀释成 10^{-3}、10^{-4}、10^{-5}。

将 9 个无菌的培养皿贴上标签，分别标上 10^{-3}、10^{-4}、10^{-5}，每种浓度设三个重复，标签上同时注明“放线菌”、组别，班别等信息。

取 10^{-3}、10^{-4}、10^{-5} 三个稀释度各 1 mL分别注入到对应的无菌培养皿中，再取高氏一号培养基融化，加入适量 0.5%的重铬酸钾（抑制细菌和真菌的生长），使之终浓度为 50 ppm，摇匀，冷却至 45℃～50℃后倒入平板中，在桌面上轻轻摇动，静置于桌面。冷凝后 28℃倒置培养 5～7 天，计数。每组挑取某个菌落于一平板上点种 3 处培养。

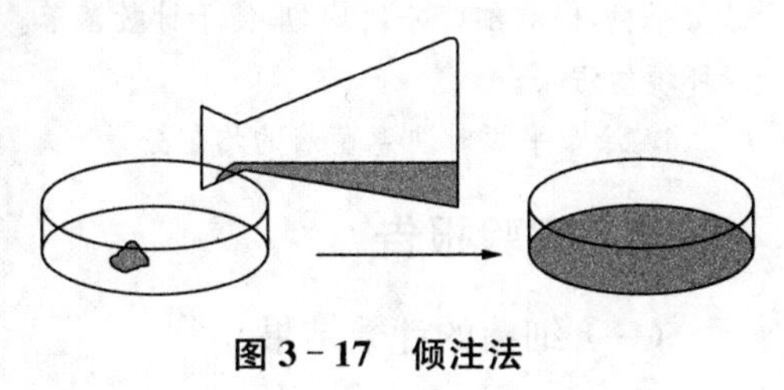

图 3-17　倾注法

（四）霉菌的分离计数

称取土样 5 g 加入到有 95 mL 的无菌水三角瓶中，振荡 10～20 min，分别稀

释至 10^{-3} 和 10^{-4}。

将 9 个无菌的培养皿贴上标签，分别标上 10^{-2}、10^{-3}、10^{-4}，每种浓度设三个重复，标签上同时注明"放线菌"，组别，班别等信息。

取 10^{-2}、10^{-3}、10^{-4} 三个稀释度各 1 mL 分别注入到对应的无菌培养皿中，再取马丁氏培养基融化，冷至 60℃，无菌操作加入 2%去氧胆酸钠和 1%链霉素，迅速混匀，冷却至 45℃～50℃后，倒入平板中，在桌面上轻轻摇动，静置于桌面。每个浓度作 3 个重复。28℃倒置培养 3～5 天，霉菌菌落计数，每组挑取某个菌落孢子少许，轻轻抖落于平板上或点种 1 处培养。

配方

KH_2PO_4	1.0 g	$MgSO_4 \cdot 7H_2O$	0.5 g
蛋白胨	5.0 g	葡萄糖	10.0 g
孟加拉红(1%)	3.3 mL	琼脂	20.0 g
蒸馏水	1 000 mL		
1%链霉素	3.3 mL(临用前加入)		
2%去氧胆酸钠	20 mL(临用前加入)		

自然 pH

注意事项

1. 无菌操作的试管或三角瓶在开塞后及回塞之前，其口部应通过火焰 2～3 次，去除可能附着于管口或瓶口的微生物。开塞后的管口及瓶口应尽量接近火焰，尽量平放，切忌口部向上及长时间暴露于空气中，以防污染；

2. 接种环(针)在每次使用前后均应在火焰上彻底灼烧灭菌。挑菌前，必须待接种环(针)冷却后才使用；

3. 倾注时琼脂培养基温度不得超过 45℃，以防损伤细菌或真菌。倾注和摇动时，动作应尽量平稳，以利细菌分散均匀，便于计数菌落。勿使培养基外溢，以免影响结果的准确性和造成环境的污染；

4. 涂布平板时注意菌液的均匀分散。

五、实验报告

(一) 细菌的计数结果。

	平板 1	平板 2	平板 3	平均菌落数
10^{-5}				
10^{-6}				
10^{-7}				

最终结果：

$$\text{每克样品中细菌的活细胞数(CFU/g)}=\frac{\text{某一稀释度的平板上菌落平均数}\times\text{稀释倍数}}{\text{每个平板上加入的 mL 数}\times\text{含菌样品克数}}$$

（二）酵母菌的计数结果

	平板 1	平板 2	平板 3	平均菌落数
10^{-3}				
10^{-4}				
10^{-5}				

最终结果：

$$\text{每克样品中酵母菌的活细胞数(CFU/g)}=\frac{\text{选定稀释度的平板上菌落平均数}\times\text{稀释倍数}}{\text{每个平板上加入的 mL 数(0.1)}\times\text{含菌样品克数(1)}}$$

（三）放线菌的计数结果

	平板 1	平板 2	平板 3	平均菌落数
10^{-4}				
10^{-5}				
10^{-6}				

最终结果：

$$\text{每克样品中放线菌的活细胞数(CFU/g)}=\frac{\text{选定稀释度的平板上菌落平均数}\times\text{稀释倍数}}{\text{每个平板上加入的 mL 数(1)}\times\text{含菌样品克数(1)}}$$

（四）霉菌的计数结果

	平板 1	平板 2	平板 3	平均菌落数
10^{-2}				
10^{-3}				
10^{-4}				

最终结果：

$$\text{每克样品中霉菌的活细胞数(CFU/g)}=\frac{\text{选定稀释度的平板上菌落平均数}\times\text{稀释倍数}}{\text{每个平板上加入的 mL 数(1)}\times\text{含菌样品克数(5)}}$$

思考题

1. 在分离真菌时为什么需加链霉素(庆大霉素或氯霉素),而不加青霉素?

2. 为什么在分离放线时要加入10%的酚?

3. 为什么涂布平板时,滴加的菌悬液量一般以0.1 mL为宜,过多过少都不好?

实验四　细菌的简单染色及形态观察

一、目的要求

(1) 学习微生物涂片、染色的基本技术，掌握细菌的简单染色方法；

(2) 初步认识细菌的显微形态特征；

(3) 了解细菌的菌落特征。

二、基本原理

简单染色法是利用单一染料对细菌进行染色的一种方法。此法操作简便，适用于菌体一般形状和细菌排列的观察。常用碱性染料进行简单染色，这是因为：在中性、碱性或弱酸性溶液中，细菌细胞通常带负电荷，而碱性染料在电离时，其分子的染色部分带正电荷（酸性染料电离时，其分子的染色部分带正电荷），因此碱性染料的染色部分很容易与细菌结合使细菌着色。经染色后的细菌细胞与背景形成鲜明的对比，在显微镜下更易于识别。常用作简单染色的染料有：美蓝、结晶紫、碱性复红等。当细菌分解糖类产酸使培养基 pH 下降时，细菌所带正电荷增加，此时可用伊红、酸性复红或刚果红等酸性染料染色。

将单个微生物细胞或一小堆同种细胞接种在固体培养基表面（有时为内部），当它占有一定的发展空间并给予适宜的培养条件时，该细胞就迅速生长繁殖，结果会形成以母细胞为中心的一堆肉眼可见，有一定形态结构的子细胞集团，这就是菌落（colony）。大量密集接种，菌落连成一片即菌苔，如图 4－1 所示。

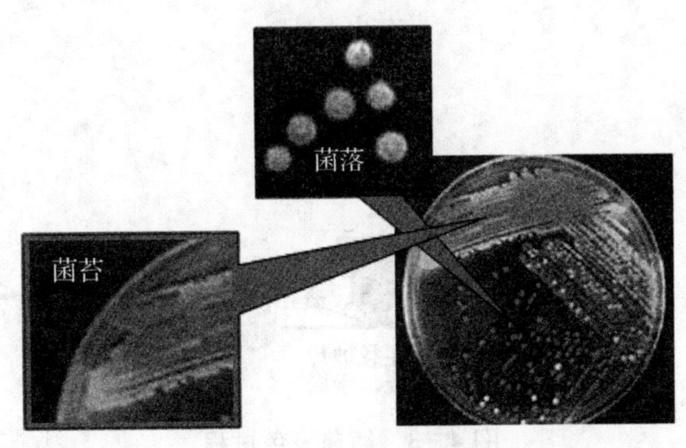

图 4－1　菌落和菌苔

描述菌落特征包括大小、形状、隆起形状、边缘情况、表面状态、表面光泽、质地、颜色、透明度等，细菌的菌落特征如图 4－2 所示。

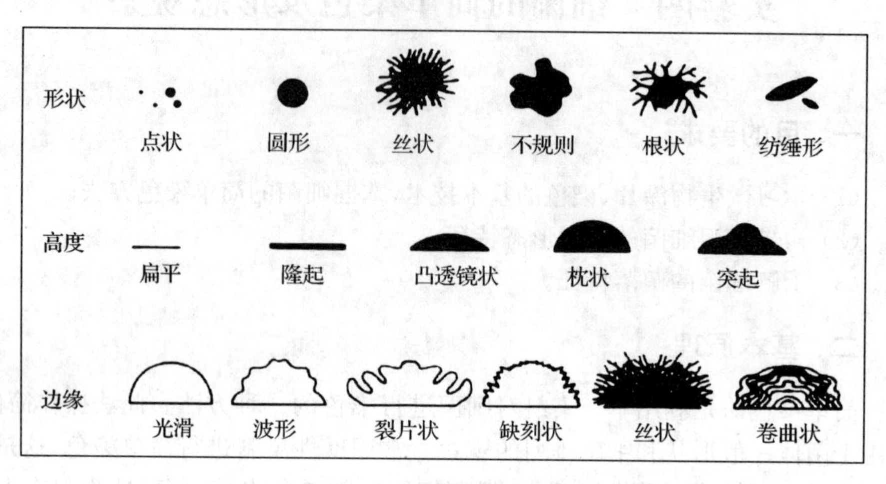

图 4－2　细菌的菌落特征

但大多数细菌的菌落特征具有共性：湿润较光滑，透明或半透明，质地均匀，正反面和边缘、中央部位的颜色均一。

三、实验材料

1. 菌种

金黄色葡萄球菌，大肠杆菌，自接菌种。

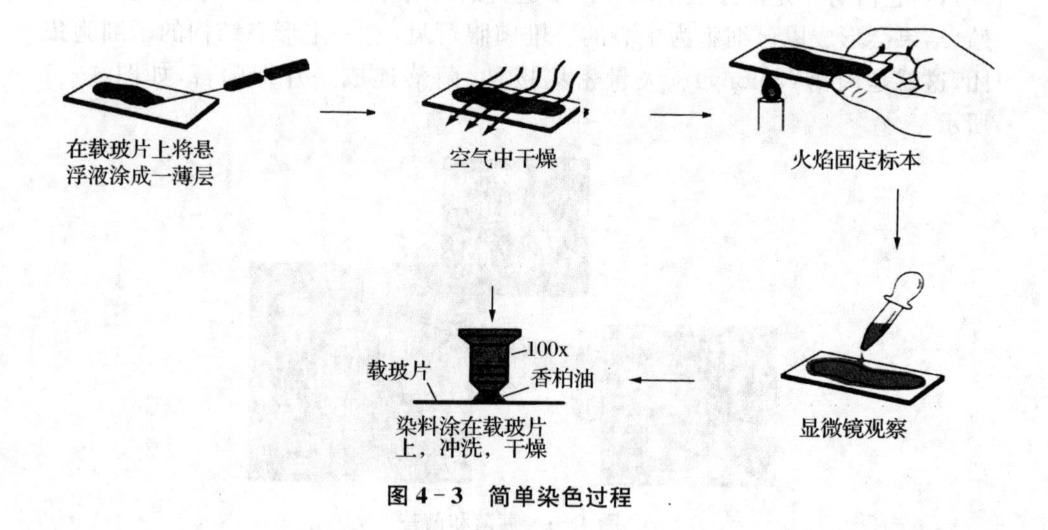

图 4－3　简单染色过程

2. 染色剂

吕氏碱性美蓝染液（或草酸铵结晶紫染液），齐氏石炭酸复红染液。

3. 仪器或其他用具

显微镜，酒精灯，载玻片，接种环，双层瓶（内装香柏油和二甲苯），擦镜纸，生理盐水等。

四、实验内容

1. 涂片

取两块载玻片，各滴一小滴（或用接种环挑取1～2环）生理盐水（或蒸馏水）于玻片中央，用接种环以无菌操作，分别从金黄色葡萄球菌球菌、大肠杆菌、自接菌种斜面上挑取少许菌苔于水滴中，混匀并涂成薄膜。若用菌悬液（或液体培养物）涂片，可用接种环挑取2～3环直接涂于载玻片上。

2. 干燥

室温自然干燥。

3. 固定

涂面朝上，通过火焰2～3次。此操作过程称热固定，其目的是使细胞质凝固，以固定细胞形态，并使之牢固附着在载玻片上。

4. 染色

滴加染液于涂片上（染液刚好覆盖涂片薄膜为宜）。

吕氏碱性美蓝染色1 min～2 min；石炭酸复红（或草酸铵结晶紫）染色约1 min。

5. 水洗

倒去染液，用自来水冲洗，直至涂片上流下的水无色为止。水洗时，不要直接冲洗涂面，而应使水从载玻片的一端流下。水流不宜过急，以免涂片薄膜脱落。

6. 干燥

自然干燥或略微过火，或用吸水纸盖在涂片部位以吸去水分（注意勿擦去菌体）。

7. 镜检

用油镜观察并绘出细菌形态图。

8. 清理

实验完毕，擦净显微镜。有菌的玻片置消毒缸中，清洗、晾干后备用。

附:油镜的使用

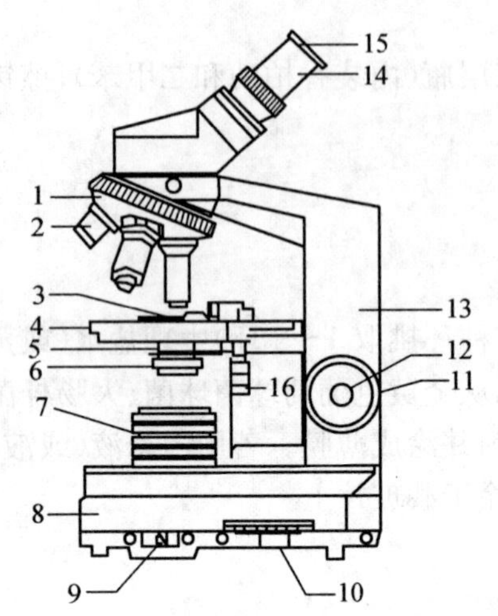

1-物镜转换器;2-接物镜;
3-游标卡尺;4-载物台;
5-聚光器;6-彩虹光阑;
7-光源;8-镜座;
9-电源开关;10-光源滑动变阻器;
11-粗调螺旋;12-微调螺旋;
13-镜臂;14-镜筒;
15-目镜;16-标本移动螺旋

图4-4　光学显微镜的构造

1. 转动转换器将油镜转至镜筒正下方。在标本镜检部位滴上一滴香柏油。慢慢转动粗调螺旋,使载物台上升,并及时从侧面注视使物镜浸入油中,直到几乎与标本接触时为止(注意切勿压到标本,以免压碎玻片,甚至损坏油镜头)。

2. 左眼看目镜,微微转动粗调螺旋,下降载物台(注意:此时只准下降载物台,不能向上调动),当视野中有模糊的标本物象时,改用细调螺旋,并移动标本直至标本物象清晰为止。

3. 如果镜头已离开油滴又尚未发现标本时,可重新按上述步骤操作直到看清物象为止。

4. 观察完毕,下降载物台,取下标本片。先用擦镜纸擦去镜头上的油,然后再用擦镜纸沾少许二甲苯将镜头擦2～3次,最后再用干净的擦镜纸将镜头擦2～3次,注意擦镜头时向一个方向擦拭。切忌用手或其他纸擦镜头,以免损坏镜头。将接物镜转成八字形,载物台下降到最低。罩上镜套。

5. 观察后的染色玻片用废纸将香柏油擦干净,并放入盛有75%酒精溶液的回收缸中。

注意事项

1. 玻片要洁净无油,否则菌液涂不开;
2. 滴生理盐水和取菌不宜过多,涂片要涂均匀,不宜过厚,过厚则不易观察;
3. 热固定温度不宜过高(以玻片背面不烫手为宜),否则会改变甚至破坏细胞形态;
4. 涂片必须完全干燥后才能用油镜观察。

五、实验报告

(1) 根据观察结果,绘出三种细菌的形态图。

（2）将菌种的菌落特征填入下表。

菌种	菌落特征描述							
	大小	颜色	干湿	质地	形态	表面	透明	边缘
大肠杆菌								
金黄色葡萄球菌								
自接菌种								

思考题

1. 你认为制备细菌染色标本时，尤其应该注意哪些环节？
2. 为什么要求制片完全干燥后才能用油镜观察？
3. 如果你的涂片未经热固定，将会出现什么问题？如果加热温度过高、时间太长，又如何呢？

实验五　细菌的革兰氏染色

一、目的要求

(1) 学习细菌的革兰氏染色法；

(2) 进一步学习并掌握无菌操作技术要点。

二、实验原理

革兰氏染色法是1884年由丹麦病理学家C. Gram所创立的。革兰氏染色法可将所有的细菌区分为革兰氏阳性菌(C^+)和革兰氏阴性菌(G^-)两大类，是细菌学上最常用的鉴别染色法。该染色法所以能将细菌分为G^+菌和G^-菌，是由这两类菌的细胞壁结构和成分的不同所决定的。

(一) 革兰氏染色法过程

涂片——固定——结晶紫初染——碘液媒染——95%酒精脱色——蕃红(沙黄)复染——镜检，如图5-1所示。

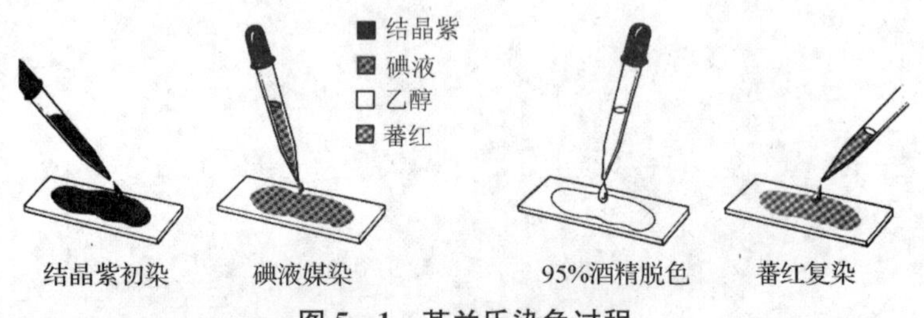

图5-1　革兰氏染色过程

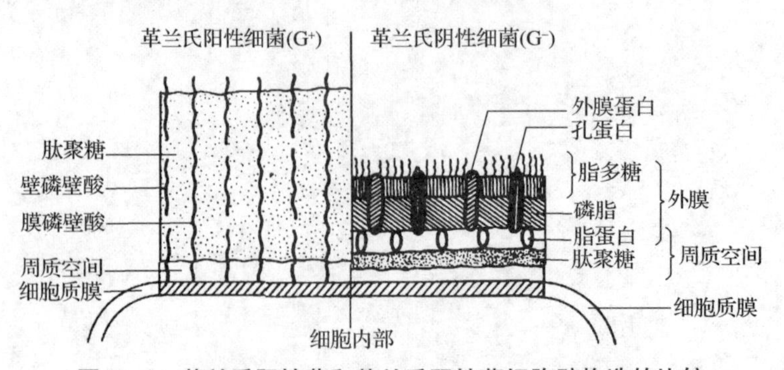

图5-2　革兰氏阳性菌和革兰氏阴性菌细胞壁构造的比较

（二）细菌细胞壁的差别

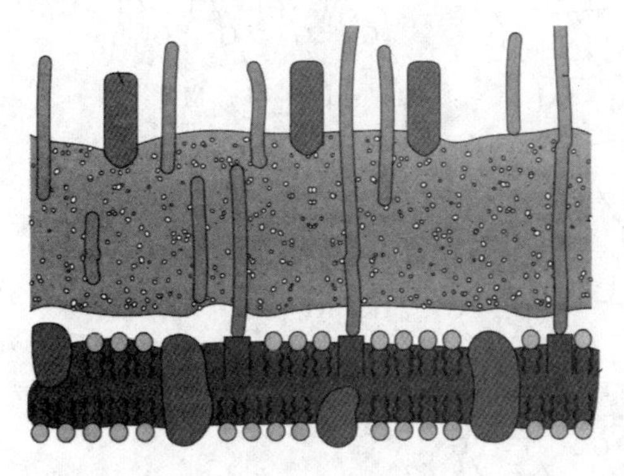

图 5-3　革兰氏阳性菌细胞壁示意图

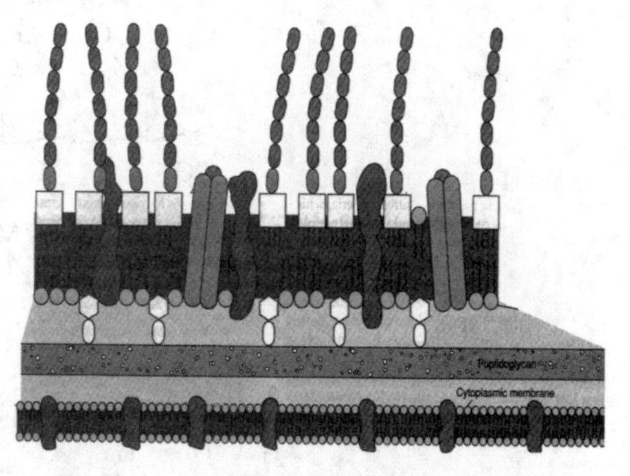

图 5-4　革兰氏阴性菌细胞壁示意图

1. 肽聚糖

N-乙酰葡萄糖胺(G)和N-乙酰胞壁酸(M)以β-1,4-糖苷键形成长链，在M上连接有由4个氨基酸组成的短肽，相邻长链上的短肽又相连，其中一条链的短肽第3位氨基酸与另一条链的短肽第4位氨基酸相连形成网络结构。

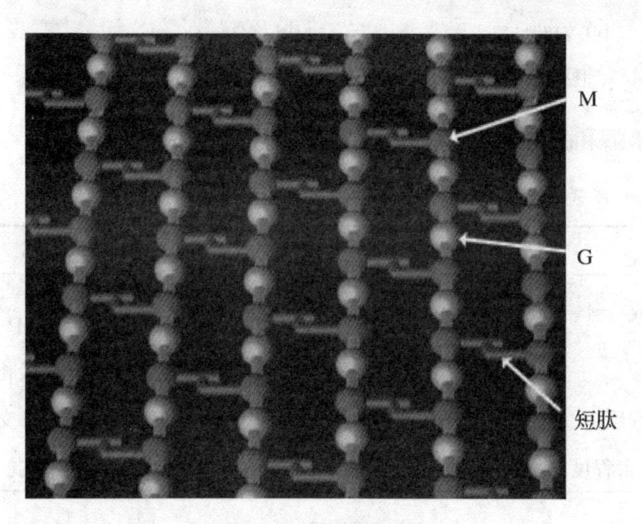

图 5-5　肽聚糖结构

2. 革兰氏阳性菌和革兰氏阴性菌肽聚糖差别

以大肠杆菌(*Escherichia coli*)和金黄色葡萄球菌((*Staphylococcus aureus*)为例。

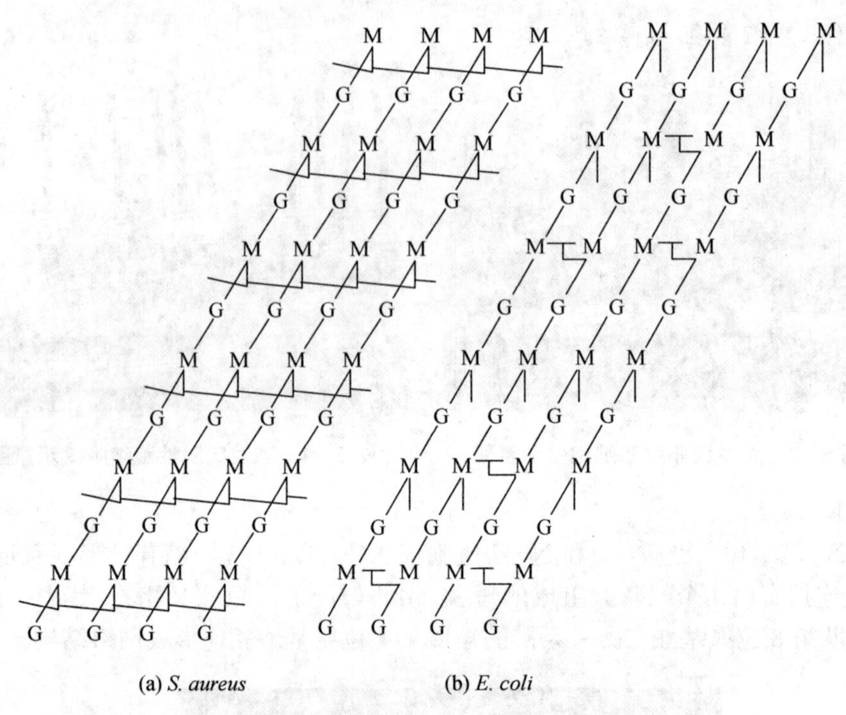

图 5-6　金黄色葡萄球菌和大肠杆菌肽聚糖的差别

金黄色葡萄球菌和大肠杆菌肽聚糖的具体差别见表 5-1。

表 5-1　金黄色葡萄球菌和大肠杆菌肽聚糖的差别

	G+	G−
短肽组成	L—Ala—D—Glu —L—lys—D—Ala	L—Ala—D—Glu —m—DAP—D—Ala
短肽连接	(Gly)5	直接相连
短肽连接程度	几乎都相连(75%～100%)	30%交联
肽聚糖交联紧密程度	强	弱

(三) 革兰氏染色原理

结晶紫、碘液媒染时，由于细胞壁带负电荷、吸收碱性染料，G＋和 G－都吸收碱性染料，在细胞内结合——结晶紫碘液复合物，酒精脱色时，G＋菌细胞壁厚，只有一层肽聚糖，肽聚糖的强度高，整个细胞壁结构紧密，遇酒精时，结晶紫碘液阻留在细胞壁内；而 G－酒精使外膜类脂溶解，只剩肽聚糖层，而 G－肽聚糖层薄而松散，不能阻挡复合物逸出，细胞壁变成无色，此时再用红色染料复染，则G+因已结合紫色染料难以吸附红色染料而仍然成紫色，而G－菌则重新吸附红色染料由无色变红色。

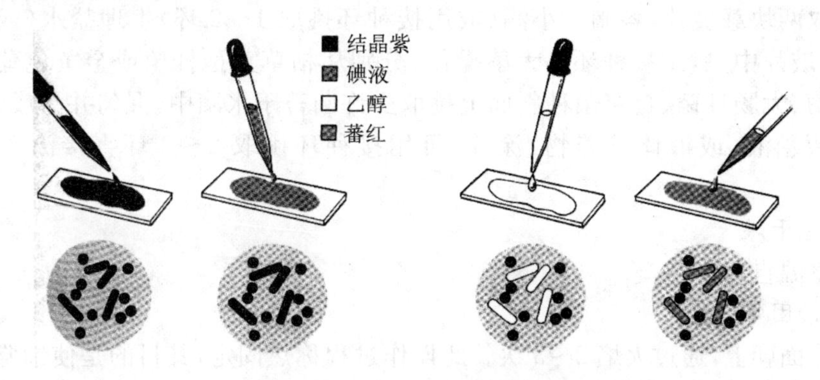

图5-7　革兰氏染色法示意图

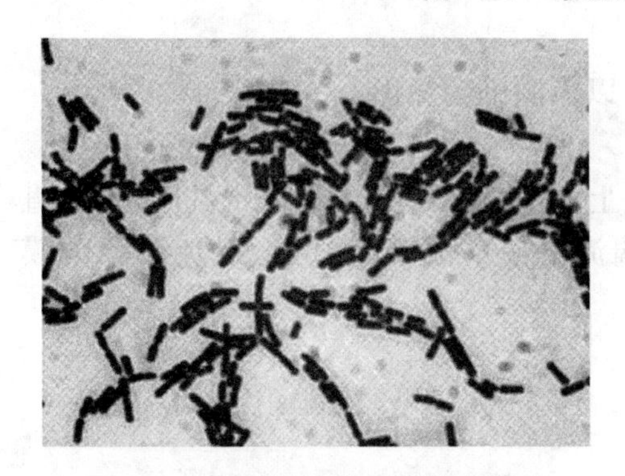

图5-8　革兰氏阳性杆菌染色效果

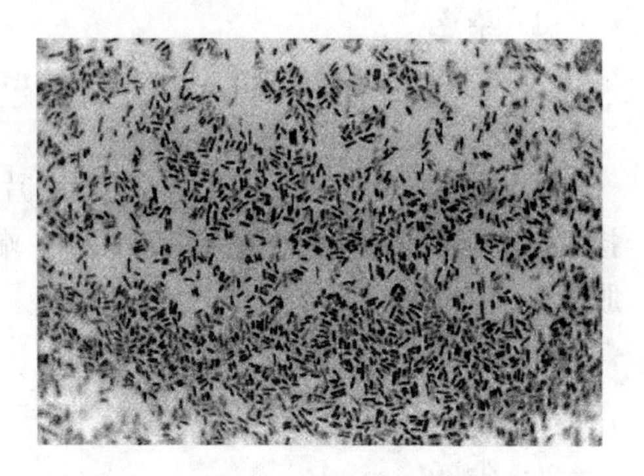

图5-9　革兰氏阴性杆菌染色效果

三、实验材料

1. 药品

生理盐水，结晶紫染液，卢戈氏碘液，95%乙醇，蕃红(复红)，香柏油，二甲苯。

2. 菌种

枯草芽孢杆菌(*Bacillus subtilis*)或金黄色葡萄球菌(*S. aureus*)大肠杆菌(*E. coli*)，自接菌种。

3. 其他物品

显微镜，擦镜纸，载玻片，吸水纸。

四、实验步骤

1. 涂片

取两块载玻片，各滴一小滴(或用接种环挑取 1～2 环)生理盐水(或蒸馏水)于玻片中央，用接种环以无菌操作，分别从枯草芽孢杆菌或金黄色葡萄球菌球菌、大肠杆菌、自接菌种斜面上挑取少许菌苔于水滴中，混匀并涂成薄膜。若用菌悬液(或液体培养物)涂片，可用接种环挑取 2～3 环直接涂于载玻片上。

2. 干燥

室温自然干燥。

3. 固定

涂面朝上，通过火焰 2～3 次。此操作过程称热固定，其目的是使细胞质凝固，以固定细胞形态，并使之牢固附着在载玻片上。

4. 染色

加适量的结晶紫染色液染色 1 min，以盖满细菌涂面。

5. 水洗

倒去染液，用自来水冲洗，直至涂片上流下的水无色为止。水洗时，不要直接冲洗涂面，而应使水从载玻片的一端流下。水流不宜过急，以免涂片薄膜脱落。

6. 媒染

卢戈氏碘液冲去残水并覆盖 1 min。

7. 水洗

用水洗去碘液。

8. 脱色

95%的乙醇脱色 30 s，立即水洗。

9. 复染

滴加番红复染液 2～4 min。

10. 水洗

用水洗去涂片上的番红染色液。

11. 干燥

自然干燥或略微过火，或用吸水纸盖在涂片部位以吸去水分(注意勿擦去菌体)。

12. 镜检

用油镜观察并绘出细菌形态图。

13. 清理

实验完毕,擦净显微镜。有菌的玻片置消毒缸中,清洗、晾干后备用。

注意事项

1. 革兰氏染色成败的关键是脱色时间。如脱色过度,革兰氏阳性菌也可被脱色而被误认为是革兰氏阴性菌;如脱色时间过短,革兰氏阴性菌也会被认为是革兰氏阳性菌。脱色时间的长短还受涂片厚薄、脱色时玻片晃动的快慢及乙醇用量多少等因素的影响,难以严格规定。一般可用已知革兰氏阳性菌和革兰氏阴性菌作练习,以掌握脱色时间。当要确证一个未知菌的革兰氏反应时,应同时做一张已知革兰氏阳性菌和阴性菌的混合涂片,以资对照;

2. 染色过程中勿使染色液干涸;

3. 选用培养 16～24 h 菌龄的细菌为宜。若菌龄太老,由于菌体死亡或自溶常使革兰氏阳性菌转呈阴性反应。

五、实验报告

将镜检结果填入下表。

菌种	颜色	结论	形态描述	单菌示意图	排列
大肠杆菌					
金黄色葡萄球菌					
自接菌种					

思考题

1. 哪些环节会影响革兰色染色结果的正确性?其中最关键的环节是什么?

2. 进行革兰氏染色时,为什么特别强调菌龄不能太老,用老龄细菌染色会出现什么问题?

3. 不经过复染这一步,能否区别革兰氏阳性菌和革兰氏阴性菌?

4. 如果涂片未经热固定,将会出现什么问题?加热温度过高、时间太长,又会怎样呢?

5. 革兰氏染色法能否观察到细菌的芽孢?

6. 为什么要求制片完全干燥后才能用油镜观察?

7. 革兰氏染色时,初染前能加碘液吗?

实验六　细菌的芽孢、荚膜、鞭毛染色及运动性观察

一、目的要求

(1) 学习并掌握细菌芽孢染色法，初步了解芽孢杆菌的形态特征；

(2) 学习并掌握细菌荚膜染色法；

(3) 学习并初步掌握细菌鞭毛染色法，观察细菌鞭毛的形态特征；

(4) 学习用压滴法和悬滴法观察细菌的运动性。

二、实验原理

1. 芽孢染色

芽孢是某些细菌在其生长发育的后期，在细胞内形成一个圆形或椭圆形、厚壁、含水量极低、抗逆性极强的休眠体，称为芽孢或内生孢子，如图 6-1 所示。

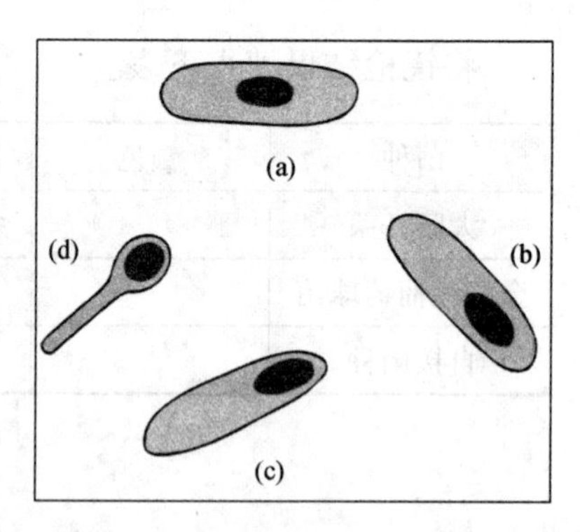

图 6-1　芽孢——内生孢子

图 6-2 是芽孢的形态图。芽孢壁厚，透性低，不易着色。一旦着色，又不易脱色。

用着色力强的染色剂孔雀绿在加热的条件下强制染色，芽孢和菌体都染上绿色，水洗后菌体脱色，而芽孢不脱色，再用蕃红染色，菌体重新染上红色，染色效果如图 6-3 所示。

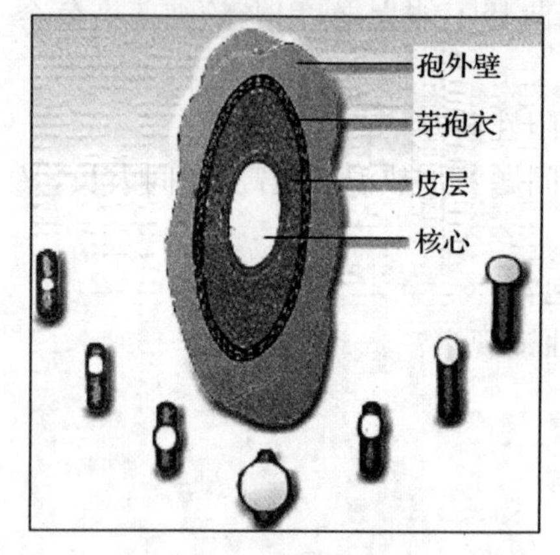

图 6-2　芽孢的形态

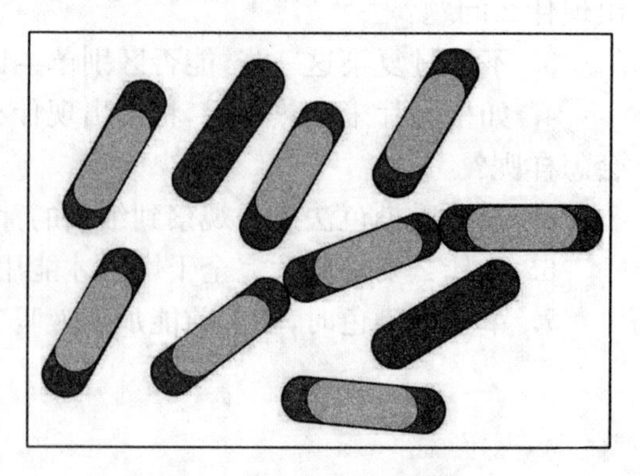
图 6-3　芽孢染色效果

2. 荚膜染色

荚膜是包在细菌细胞壁外面的一层黏胶状或胶质状物质，成分为多糖、糖蛋白或多肽，与染料间的亲和力弱，不易着色，故通常采用负染色法染荚膜，即设法使菌体和背景着色而荚膜不着色，从而使荚膜在菌体周围呈一浅色或无色的透明圈，其染色效果如图 6－4 所示。由于荚膜的含水量在 90％以上，故染色时一般不加热固定，以免荚膜皱缩变形，影响观察结果。

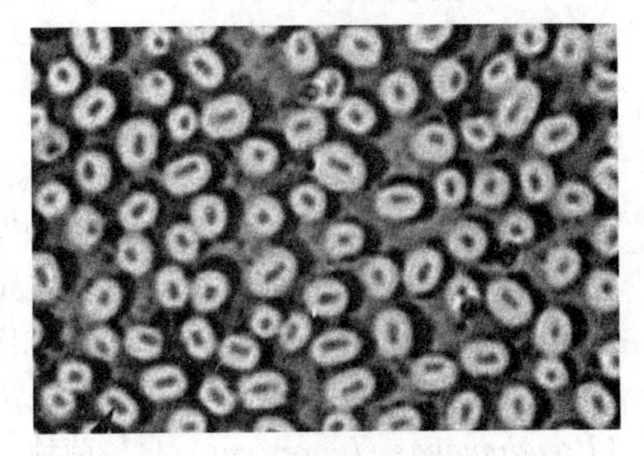

图 6－4　荚膜染色效果

3. 鞭毛染色

细菌的鞭毛极细，直径一般为 10～20 nm，超过了普通光学显微镜的分辨力，只有用电子显微镜才能观察到。但是，如采用特殊的染色法，将鞭毛直径加粗，则在普通光学显微镜下也能看到它，其染色效果如图 6－5 所示。鞭毛染色的方法很多，但其基本原理相同，即在染色前先用媒染剂处理，让它沉积在鞭毛上，使鞭毛直径加粗，然后再进行染色。常用的媒染剂由丹宁酸和氯化高铁或钾明矾等配制而成。

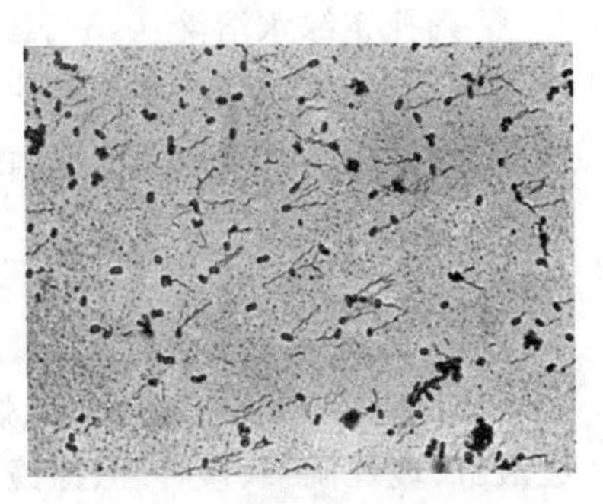

图 6－5　鞭毛染色效果

细菌是否具有鞭毛是细菌分类鉴定重要特征之一。采用鞭毛染色法虽能观察到鞭毛的形态、着生位置和数目，但此法既费时又麻烦。如果只需查清供试菌是否有鞭毛，可采用悬滴法或水封片法即压滴法，直接在光学显微镜下检查活细菌是否具有运动能力，以此来判断细菌是否有鞭毛。此法较快速、简便。

4. 运动性观察

悬滴法就是将菌液滴加在洁净的盖玻片中央，在其周边涂上凡士林，然后将它倒盖在有凹槽的载玻片中央，即可放置在普通光学显微镜下观察。水封片法是将菌液滴在普通的载玻片上，然后盖上盖玻片，置显微镜下观察。

细菌依赖鞭毛的运动方式，与鞭毛的排列形式和数目有关，但根据细菌的运动方式，对鞭毛的数目和排列方式只能作大致判断。单毛菌和丛毛菌多做直线运动，周毛菌多做翻转运动。依赖鞭毛的运动称为真性运动。无鞭毛细菌做左右颤动而不改变其位置，这种运动称为非真性运动，亦称布朗运动。

三、实验材料

（一）菌种

培养 36 h 的枯草杆菌（*Bacillus subtilis*）；培养 3～5 d 的胶质芽孢杆菌（*Bacillus mucilaginosus*，俗称“钾细菌”），该菌在甘露醇作碳源的培养基上生长时，荚膜丰厚；培养 12 h～16 h 的水稻黄单胞菌（*Xanthomonas oryzae*），或荧光假单胞菌（*Pseudomonas fluorescens*）斜面菌种；培养 12～16 h 的枯草杆菌（*Bacillus subtilis*）、金黄色葡萄球菌（*Staphylococcus aureus*）以及荧光假单胞菌（*Pseudomonas fluorescens*）、自接菌种。

（二）染色液和试剂

5%孔雀绿水溶液、0.5%番红水溶液；Tyler 法染色液、用滤纸过滤后的绘图墨水、复红染色液、黑素、6%葡萄糖水溶液、1%甲基紫水溶液、甲醇、20% $CuSO_4$ 水溶液；硝酸银染色液（包括 A 液和 B 液，）、Leifson 染色液；香柏油、二甲苯。

（三）其他

小试管（75 mm×10 mm）、烧杯（300 mL）、载玻片、凹载玻片、盖玻片、滴管、废液缸、玻片搁架、接种环、擦镜纸、吸水纸、镊子、记号笔、洗瓶、凡士林、无菌水、水浴锅、生物显微镜等。

四、实验步骤

（一）细菌芽孢染色

将培养 36 h 左右的枯草芽孢杆菌、大肠杆菌、自接菌种（可疑细菌）涂片、干燥、固定。滴加 3～5 滴孔雀绿染液于已固定的涂片上。用木夹夹住载玻片在火焰上（微火）加热，使染液冒蒸汽但勿沸腾，切忌使染液蒸干，及时添加少许染液。加热时间从染液冒蒸汽时开始计算约 5 min。倾去染液，待玻片冷却后水洗至孔雀绿不再褪色为止。用番红水溶液复染 2～5 min，水洗。待干燥后，置油镜观察，芽孢呈绿色，菌体呈红色。

注意事项

1. 供芽孢染色用的菌种应控制菌龄，使大部分芽孢仍保留在菌体上为宜；
2. 染色加热过程要及时补充染液，切勿让涂片干涸。

（二）细菌荚膜染色

细菌荚膜染色方法很多，其中以湿墨水方法较简便，并且适用于各种有荚膜的细菌。如用相差显微镜检查则效果更佳。

1. 负染色法

（1）制片：取洁净的载玻片一块，加蒸馏水一滴，取 2～3 环菌体放入水滴中混匀并涂布。

（2）干燥：将涂片放在空气中晾干或用电吹风冷风吹干。

（3）染色：在涂面上加复红染色液染色 2～3 min。

（4）水洗：用水洗去复红染液。

（5）干燥：将染色片放空气中晾干或用电吹风冷风吹干。

（6）涂黑素：在染色涂面左边加一小滴黑素，用一边缘光滑的载玻片轻轻接触黑素，使黑素沿玻片边缘散开，然后向右一拖，使黑素在染色涂面上成为一薄层，并迅速风干。

（7）镜检：先低倍镜，再高倍镜观察。

结果：背景灰色，菌体红色，荚膜无色透明。

2. 湿墨水法

（1）制菌液：加 1 滴墨水于洁净的载玻片上，挑 2～3 环菌体与其充分混合均匀。

（2）加盖玻片：放一清洁盖玻片于混合液上，然后在盖玻片上放一张滤纸，向下轻压，吸去多余的菌液。

（3）镜检：先用低倍镜、再用高倍镜观察。

结果，背景灰色，菌体较暗，在其周围呈现一明亮的透明圈即为荚膜。

3. 干墨水法

（1）制菌液：加 1 滴 6％葡萄糖液于洁净载玻片一端，挑 2～3 环胶质芽孢杆菌，与葡萄糖液充分混合，再加 1 环墨水，充分混匀。

（2）制片：左手执玻片，右手另拿一边缘光滑的载玻片，将载玻片的一边与菌液接触，使菌液沿玻片接触处散开，然后以 30°，迅速而均匀地将菌液拉向玻片的一端，使菌液铺成一薄膜。

（3）干燥：空气中自然干燥。

（4）固定：用甲醇浸没涂片，固定 1 min，立即倾去甲醇。

（5）干燥：在酒精灯上方，用文火干燥。

（6）染色：用甲基紫染 1～2 min。

（7）水洗：用自来水轻洗，自然干燥。

(8) 镜检:先用低倍镜观察,再用高倍镜观察。

结果:背景灰色,菌体紫色,荚膜呈一清晰透明圈。

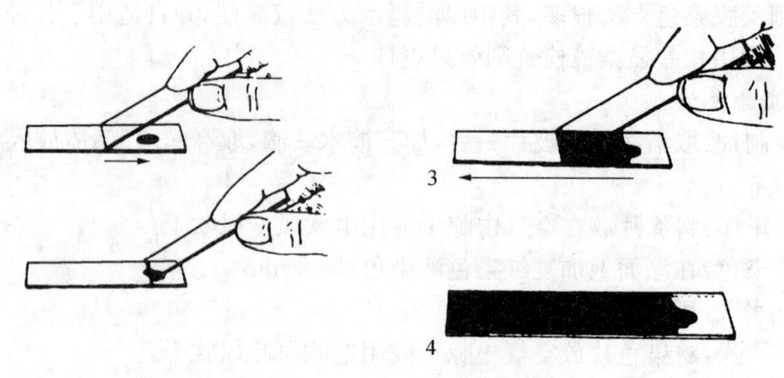

图 6-6　荚膜干墨水法染色步骤

注意事项

1. 荚膜染色涂片不要用加热固定,以免荚膜皱缩变形;

2. 涂片不要用力过猛,不要滴加水,以防破坏其荚膜原形;

3. 无荚膜的菌,由于干燥菌体收缩,菌体四周也可能出现一圈狭窄的不着色环,但这不是荚膜,荚膜不着色的部分宽。

(三) 细菌鞭毛染色

1. 镀银法染色

(1) 清洗玻片

选择光滑无裂痕的玻片,最好选用新的。为了避免玻片相互重叠,应将玻片插在专用金属架上,然后将玻片置洗衣粉过滤液中,洗衣粉煮沸后用滤纸过滤,以除去粗颗粒,煮沸 20 min。取出稍冷后用自来水冲洗、晾干,再放入浓洗液中浸泡 5～6 d。浓洗液的成分是:重铬酸钾 60 g,浓硫酸 460 mL,水 300 mL;配制方法是:重铬酸钾溶解在温水中,冷却后再徐徐加入浓硫酸。使用前取出玻片,用自来水冲去残酸,再用蒸馏水洗。将水沥干后,放入 95%乙醇中脱水。

(2) 菌液的制备及制片

菌龄较老的细菌容易脱落鞭毛,所以在染色前应将待染细菌在新配制的牛肉膏蛋白胨培养基斜面上连续移接 3～5 代,要求培养基表面湿润,斜面基部含有冷凝水,以增强细菌的运动力。最后一代菌种放恒温箱中培养 12～16 h。然后,用接种环挑取斜面与冷凝水交接处的菌液 3～5 环,移至盛有 1～2 mL无菌水的试管中,使菌液呈轻度混浊。将该试管放在 37℃恒温箱中静置 10 min。放置时间不宜太长，否则鞭毛会脱落，让幼龄菌的鞭毛松展开。然后，吸取少量菌液滴在洁净玻片的一端，立即将玻片倾斜，使菌液缓慢地流向另一端，用吸水纸吸去多余的菌液。让涂片自然干燥。

用于鞭毛染色的菌体也可用半固体培养基培养。方法是将 0.3%～0.4%的琼脂牛肉膏培养基熔化后倒入无菌平皿中，待凝固后，在平板中央点接活化了 3～4 代的细菌，恒温培养 12～16 h 后，取扩散菌落边缘的菌体制作涂片。

(3) 染色

① 滴加 A 液，染 4～6 min。

② 用蒸馏水充分洗净 A 液。

③ 用 B 液冲去残水，再加 B 液于玻片上，在酒精灯火焰上加热至冒气，约维持 0.5～1 min，加热时应随时补充蒸发掉的染料，不可使玻片出现干涸区。

④ 用蒸馏水洗，自然干燥。

(4) 镜检

先低倍，再高倍，最后用油镜检查。

结果：菌体呈深褐色，鞭毛呈浅褐色。

2. 改良 Leifson 染色法

(1) 清洗玻片

方法同前。

(2) 配制染料

染料配好后要过滤 15～20 次后染色效果才好。

(3) 菌液的制备及涂片

① 菌液的制备同前。

② 用记号笔在洁净的玻片上划分 3～4 个相等的区域。

③ 放 1 滴菌液于第一个小区的一端，将玻片倾斜，让菌液流向另一端，并用滤纸吸去多余的菌液。

④ 干燥：在空气中自然干燥。

(4) 染色

① 加染色液于第一区，使染料覆盖涂片。隔数分钟后再将染料加入第二区，依此类推，相隔时间可自行决定，其目的是确定最合适的染色时间，而且节约材料。

② 水洗：在没有倾去染料的情况下，就用蒸馏水轻轻地冲去染料，否则会增加背景的沉淀。

③ 干燥：自然干燥。

(5) 镜检

先低倍观察，再高倍观察，最后再用油镜观察，观察时要多找一些视野，不要指望在1～2个视野中就能看到细菌的鞭毛。

结果：菌体和鞭毛均染成红色。

注意事项

1. 要用新鲜(对数生长期)的细菌培养物；
2. 培养基中最好不要加抑菌剂，尤其是影响鞭毛的；用液体培养基的培养物效果更佳；
3. 如从固体培养基取菌，要取菌落边缘的；
4. 载玻片要干净，最好用酒精浸泡过夜，干燥后再使用；
5. 制片时用蒸馏水而不是自来水；
6. 染料里不要有沉渣；
7. 不能加热固定；
8. 取菌切不可多，否则鞭毛叠在一起不容易观察；
9. 细菌鞭毛极细，很易脱落，在整个操作过程中，必须仔细小心，以防鞭毛脱落；
10. 鞭毛染色液最好当日配置当日用，次日使用则鞭毛染色浅，观察效果差。染色时一定要充分洗净A液后再加B液，否则背景不清晰。

(四) 细菌的运动性观察

1. 制备菌液

在幼龄菌斜面上，滴加3～4 mL无菌水，制成轻度混浊的菌悬液。

2. 涂凡士林

取洁净无油的盖玻片1块，在其四周涂少量的凡士林。

3. 滴加菌液

加1滴菌液于盖玻片的中央，并用记号笔在菌液的边缘做一记号，以便在显微镜观察时，易于寻找菌液的位置。

4. 盖凹玻片

将凹玻片的凹槽对准盖玻片中央的菌液，并轻轻地盖在盖玻片上，使两者粘在一起，然后翻转凹玻片，使菌液正好悬在凹槽的中央，再用铅笔或火柴棒轻轻压盖玻片，使玻片四周边缘闭合，以防菌液干燥。

若制水浸片，在载玻片上滴加一滴菌液，盖上盖玻片后即可置显微镜下观察。

5. 镜检

先用低倍镜找到标记，再稍微移动凹玻片即可找到菌滴的边缘，然后将菌液移到视野中央高倍镜观察。由于菌体是透明的，镜检时可适当缩小光圈或降低聚光器以增大反差，便于观察。镜检时要仔细辨别是细菌的运动，还是分子作布朗运动，前者在视野下可见细菌自一处游动至他处，而后者仅在原处左右摆动。细菌的运动速度依菌种不同而异，应仔细观察。

结果：有鞭毛的枯草杆菌和假单胞菌可看到活跃的活动，而无鞭毛的金黄色葡萄球菌不运动。

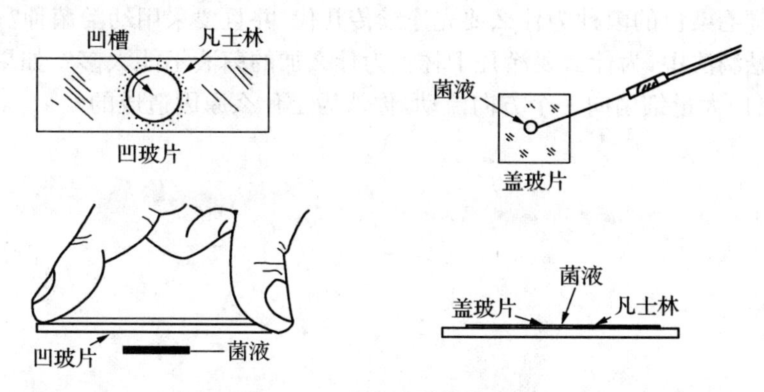

图 6－7　悬滴法制片的步骤

注意事项

1. 检查细菌运动的载玻片和盖玻片都要洁净无油，否则将影响细菌的运动；

2. 制水封片时菌液不可加得太多，过多的菌液会在盖玻片下流动，因而在视野内只见大量的细菌朝一个方向运动，从而影响了对细菌正常运动的观察；

3. 若使用油镜观察，应在盖玻片上加香柏油一滴。

五、实验报告

(1) 绘图表示芽孢，荚膜和鞭毛。

(2) 将本次实验观察结果记录在下表：

菌名	芽孢染色		荚膜染色			鞭毛染色			运动型
	菌体颜色	芽孢颜色	菌体颜色	荚膜颜色	背景	菌体颜色	鞭毛颜色	鞭毛位置及数目	有无

思考题

1. 芽孢、荚膜、鞭毛染色为什么称为特殊染色？

2. 鞭毛染色与其他染色有何不同？为什么？

3. 鞭毛染色的菌种为什么要先连续传几代，并且要采用幼龄菌种？

4. 悬滴法中，为什么要涂凡士林？为什么加的菌液不能太多？如果发现显微镜视野内大量细菌向一个方向流动，你认为是什么原因造成的？

实验七　微生物细胞大小的测定

一、目的要求

(1) 学习并掌握测量微生物大小的基本方法；

(2) 测量枯草杆菌、金黄色葡萄球菌和自接细菌的大小。

二、实验原理

微生物细胞的大小，是微生物重要的形态特征之一，也是分类鉴定的依据之一。由于菌体很小，只能在显微镜下来测量。用于测量微生物细胞大小的工具有目镜测微尺和镜台测微尺。

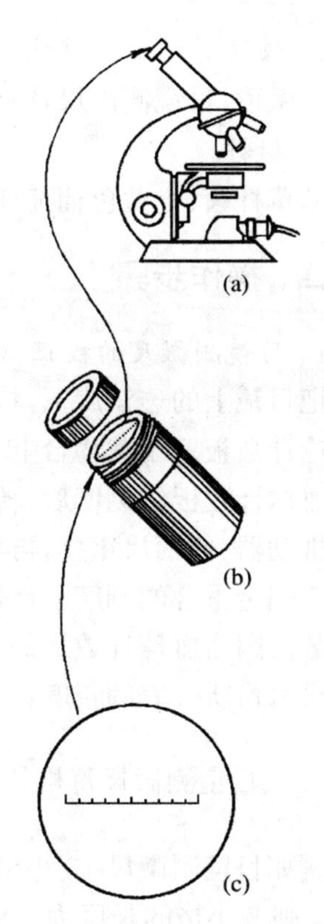

图 7－1　目镜测微尺及其安装方法

如图 7－1(c)所示，目镜测微尺是一块圆形玻片，其中央刻有精确等分的刻度，有把 5 mm 刻成为 50 等分或把 10 mm 长度刻成 100 等分。测量时，将其放在接目镜中的隔板上来测量经显微镜放大后的细胞物象。由于不同的显微镜放大倍数不同，同一显微镜在不同的目镜、物镜组合下，其放大倍数也不相同，而目镜测微尺是处在目镜的隔板上，每格实际表示的长度不随显微镜的总放大倍数的放大而放大，仅与目镜的放大倍数有关，只要目镜不变，它就是定值。而显微镜下的细胞物象是经过了物镜、目镜两次放大成象后才进入视野的。即目镜测微尺上刻度的放大比例与显微镜下细胞的放大比例不同，只是代表相对长度，所以使用前须用置于镜台上的镜台测微尺（或血球计数板）校正，以求得在一定放大倍数下实际测量时的每格长度。

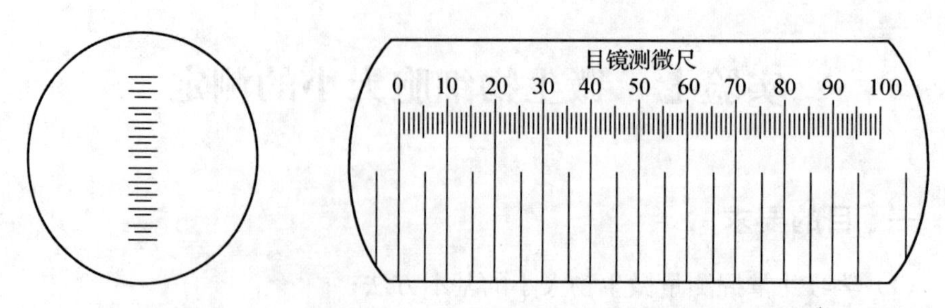

图 7－2　镜台测微尺中央部分及镜台测微尺校正目镜测微尺

三、实验器材

1. 仪器

显微镜，目镜测微尺，镜台测微尺或血球计数板。

2. 材料

枯草杆菌、金黄色葡萄球菌和自接细菌悬液各 1 支。

四、操作步骤

1. 目镜测微尺的校正

把目镜上的透镜旋下，将目镜测微尺的刻度朝下轻轻地装入目镜的隔板上，把血球计数板置于载物台上，使刻度朝上。先用低倍镜观察，对准焦距，视野中看清血球计数板的刻度后，转动目镜，使目镜测微尺与血球计数板的刻度平行，移动推动器、使两尺重叠，再使两尺的“0”刻度完全重合，定位后，仔细寻找两尺第二个完全重合的刻度。计数两重合刻度之间目镜测微尺的格数和血球计数板的格数。因为血球计数板的刻度每格长 50 μm，所以由下列公式可以算出目镜测微尺每格所代表的长度：

$$\text{目镜测微尺每格长度}=\frac{\text{两重合线间血球计数板格数}\times 50\ \mu\text{m}}{\text{两重合线店间目镜测微尺格数}}$$

例如目镜测微尺 10 小格等于血球计数板 2 小格，已知血球计数板每小格为 50 μm 则 2 小格的长度为 $2\times 50\ \mu\text{m}=100\ \mu\text{m}$，那么相应地在目镜测微尺上每小格长度为：

$$\frac{2\times 50\ \mu\text{m}}{10}=10\ \mu\text{m}$$

同法校正在高倍镜下目镜测微尺每小格所代表的长度。

2. 测定细菌细胞大小

拿走镜台测微尺，换上细菌标本片（制片方法参考细菌的简单染色和革兰氏染色），先在低倍镜下找到目的物，然后在油镜下转动目镜测微尺，测出巨大芽孢杆菌菌体的长、宽各占几格（不足一格的部分估计到小数点后一位数），测出的格数乘上目镜测微尺每格的长度，即等于该菌的大小。

一般测量菌的大小要在同一个涂片上测定 10～20 个菌体，求出平均值，才能代表该菌的大小，而且一般是用对数生长期的菌体进行测定。

注意事项

1. 目镜测微尺很轻、很薄，在取放时应特别注意防止使其跌落而损坏；

2. 观察时光线不宜过强，否则难以找到镜台测微尺的刻度；换高倍镜和油镜校正时，务必十分细心，防止接物镜压坏镜台测微尺和损坏镜头。

五、实验报告

（1）目镜测微尺标定结果

① 在低倍镜下：目镜测微尺____格＝镜台测微尺____格

目镜测微尺每格＝____μm

② 在高倍镜下：目镜测微尺____格＝镜台测微尺____格

目镜测微尺每格＝____μm

③ 在油镜下：目镜测微尺____格＝镜台测微尺____格

目镜测微尺每格＝____μm

（2）微生物大小的测量的结果填入下列表格（以自接菌为杆菌为例）

菌号	大肠杆菌测定结果				金黄色葡萄球菌测定结果		自接细菌测定结果			
	目镜测微尺格数		实际长度		目镜测微尺格数	实际直径	目镜测微尺格数		实际长度	
	宽	长	宽	长			宽	长	宽	长
1										
2										
3										
4										
5										
6										
7										

（续表）

菌号	大肠杆菌测定结果				金黄色葡萄球菌测定结果		自接细菌测定结果			
	目镜测微尺格数		实际长度		目镜测微尺格数	实际直径	目镜测微尺格数		实际长度	
	宽	长	宽	长			宽	长	宽	长
8										
9										
10										
均值										

1. 为什么更换不同放大倍数的目镜或物镜时，必须用镜台测微尺重新校正对目镜测微尺？

2. 在不改变目镜和目镜测微尺，而改用不同放大倍数的物镜来测定同一细菌的大小时，其测定结果是否相同？为什么？

实验八　放线菌的形态结构观察

一、目的要求

掌握观察放线菌形态结构的基本方法，并观察放线菌的形态特征。

二、实验原理

（一）放线菌的形态结构

放线菌是一类呈丝状生长、以孢子繁殖的革兰氏阳性细菌。
根据菌丝形态和功能可分为：营养菌丝、气生菌丝、孢子丝。
孢子丝的形状和在气生菌丝上的排列方式，随菌种而异。
孢子丝的形状：直形、波曲和螺旋形。
孢子丝的着生方式：交替着生，有的丛生或轮生。

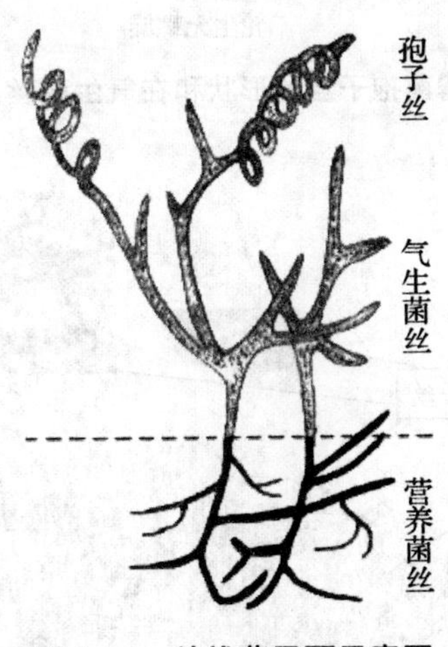

图 8－1　放线菌平面示意图

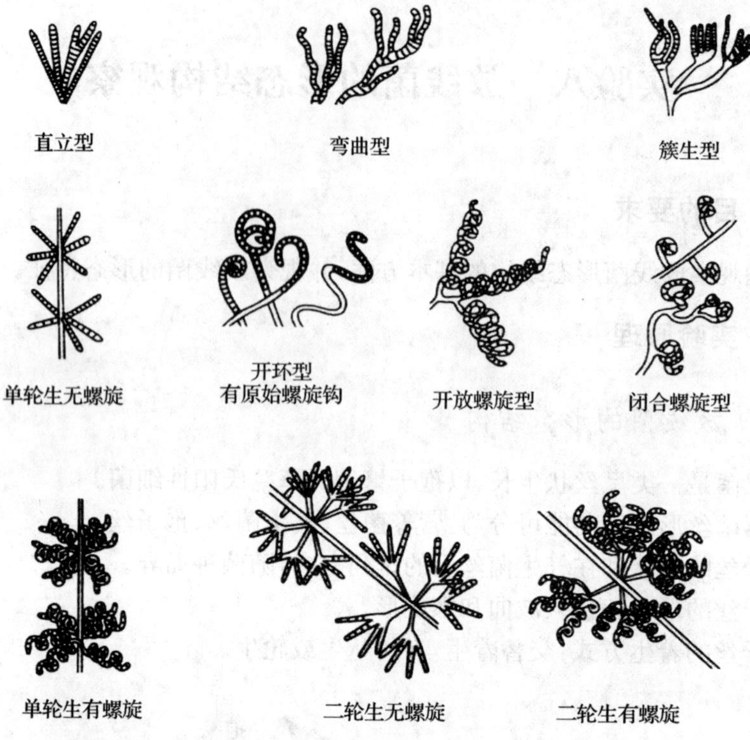

图 8－2　链霉菌孢子丝的形状和在气生菌丝上的排列方式

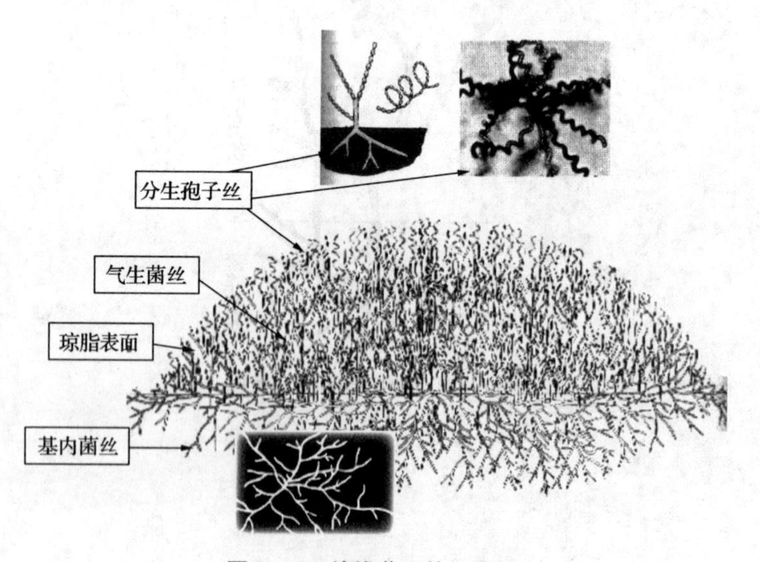

图 8－3　放线菌立体示意图

（二）放线菌菌落形态

1. 有大量分支营养菌丝和气生菌丝的菌种所形成的菌落

质地致密，表面呈较紧密的绒状或坚实、干燥，多皱，菌落较小而不蔓延。菌落与培养基结合较紧，不易挑起，或挑起后不易破碎。

产生孢子后，呈絮状、粉末状或颗粒状的典型放线菌菌落，有的孢子含色素，使菌落表面和背面呈现不同的颜色。

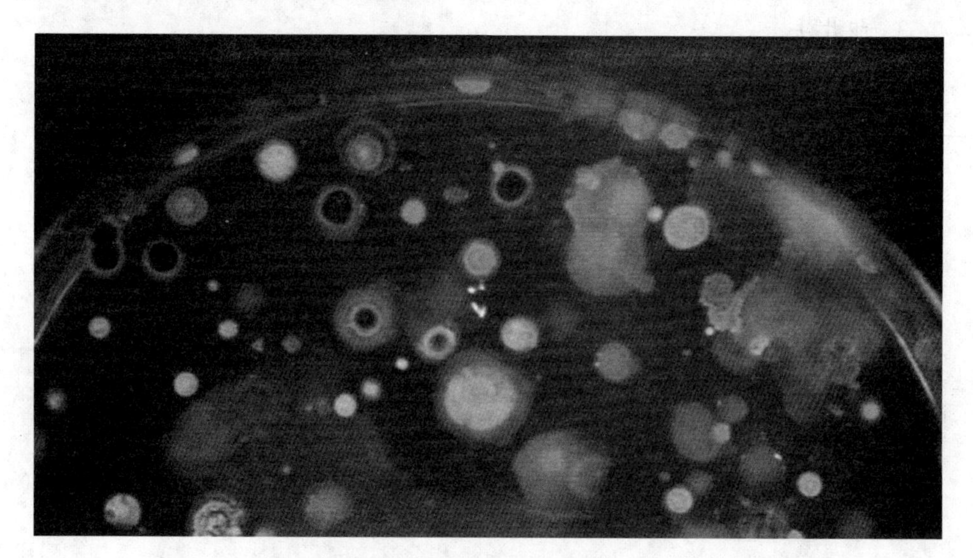

图 8－4　有大量分支营养菌丝和气生菌丝的菌种所形成的菌落

2. 不产生大量菌丝体的种类所形成的菌落

黏着力差，结构呈粉质状，用针挑起易破碎。

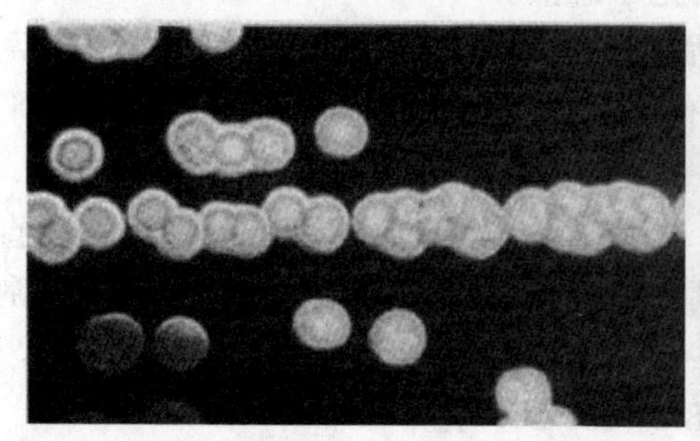

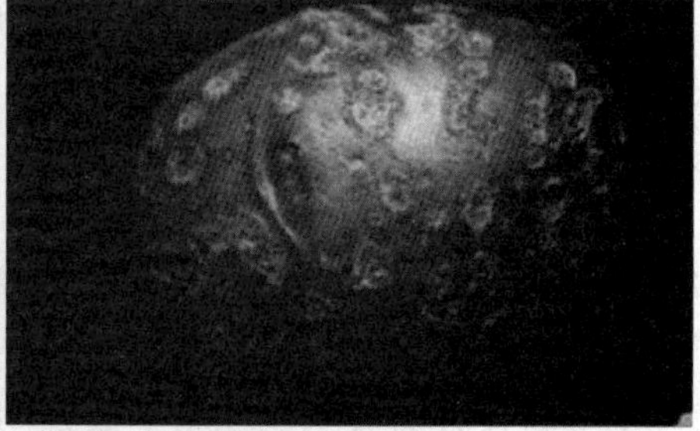

图 8－5　不产生大量菌丝体的种类所形成的菌落及病斑

（三）观察放线菌自然状态的方法

1. 插片法

2. 玻璃纸法

玻璃纸具有半透膜特性，其透光性与载玻片基本相同，采用玻璃纸琼脂平板透析培养，能使放线菌生长在玻璃纸上，然后将长菌的玻璃纸剪取小片，贴放在载玻片上，用显微镜镜自然生长的放线菌个体形态。

3. 印片法

三、实验材料

1. 菌种

分离自土壤的放线菌平板。

2. 药物

吕氏碱性美兰。

3. 其他物品

载玻片，盖玻片，接种铲。

四、实验内容

（一）观察自接放线菌的菌落形态

（二）放线菌自然状态整体观察（玻璃纸法）

(1) 将玻璃纸剪成培养皿大小，用旧报纸隔层叠好后灭菌。

(2) 将放线菌斜面菌种制成 10^{-3} 的孢子悬液。

(3) 将高氏一号琼脂培养基熔化后在火焰旁倒入无菌培养皿内，每皿倒15 mL左右，待培养基凝固后，在无菌操作下用镊子将无菌玻璃纸覆盖在琼脂平板上即制成玻璃纸琼脂平板培养基。

(4) 分别用 1 mL 无菌吸管取 0.2 mL 吸水链霉菌(5102)孢子悬液，紫色直丝链霉菌孢子悬液分别滴加在两个玻璃纸琼脂平板培养基上，并用无菌玻璃刮铲涂抹均匀。

(5) 将接种的玻璃纸琼脂平板置 28℃～30℃下培养。

(6) 在培养至 3 天，5 天，7 天时，从温室中取出平皿。在无菌环境下。打开培养皿，用无菌镊子将玻璃纸与培养基分离，用无菌剪刀取小片置于载玻片上用显微镜观察。

（三）营养菌丝的观察

用接种铲连同培养基挑取放线菌菌苔置载玻片中央，用另一载玻片将其压碎，弃去培养基，制成涂片，干燥，固定。吕氏碱性美兰染色 0.5 min～1 min，水洗，干燥后，用油镜镜检观察营养菌丝的形态，画图。

（四）气生菌丝与营养菌丝的比较观察

放线菌的插片培养是将放线菌菌种制成孢子悬液后（浓度以 10^{-2}～10^{-3} 为好），取 0.2 mL 放在高氏 1 号平板培养基上，用涂布棒涂布均匀，然后将灭过菌的盖玻片以 45°斜插入培养基中，一半露在外面。（或者将已灭菌的盖玻片以 45°斜插入培养基中，一半露在外面，然后沿盖玻片与培养基交接处接种放线菌孢子悬液）。倒置于 28℃～32℃下培养，3～5 d 后取出盖玻片，把有菌的一面朝上，用 0.1%美蓝染色，显微镜下观察。

（五）孢子丝及孢子的观察

将平板上的菌苔连同培养基切下，菌面朝上放在载玻片上。另取一载玻片，在其上滴一滴吕氏碱性美兰染液，取清洁的盖玻片一块，在放线菌菌落上轻轻一压，将有痕迹的一面朝下，将孢子等印在载玻片上染液中，制成印片。用油镜观察孢子的形状、孢子丝等。画图。

注意事项

印片时不要用力过大压碎琼脂，也不要错动，以免改变放线菌的自然形态。

五、实验结果

（1）自接放线菌的菌落形态。

湿		干		菌落描述						
厚薄	大小	松密	大小	表面	边缘	隆起形状	颜色			
							正面	反面	水溶性色素	透明度

（2）绘图说明你所观察的放线菌的主要形态特征。

实验九　酵母菌的形态观察及死活细胞的鉴别

一、目的要求

酵母菌的细胞形态及出芽观察,并掌握区分酵母菌死活的染色方法。

二、实验原理

1. 酵母菌定义

酵母菌是一个俗名,是不形成菌丝体,单细胞真菌,圆形或卵圆形,多以出芽方式进行无性繁殖的真菌总称。

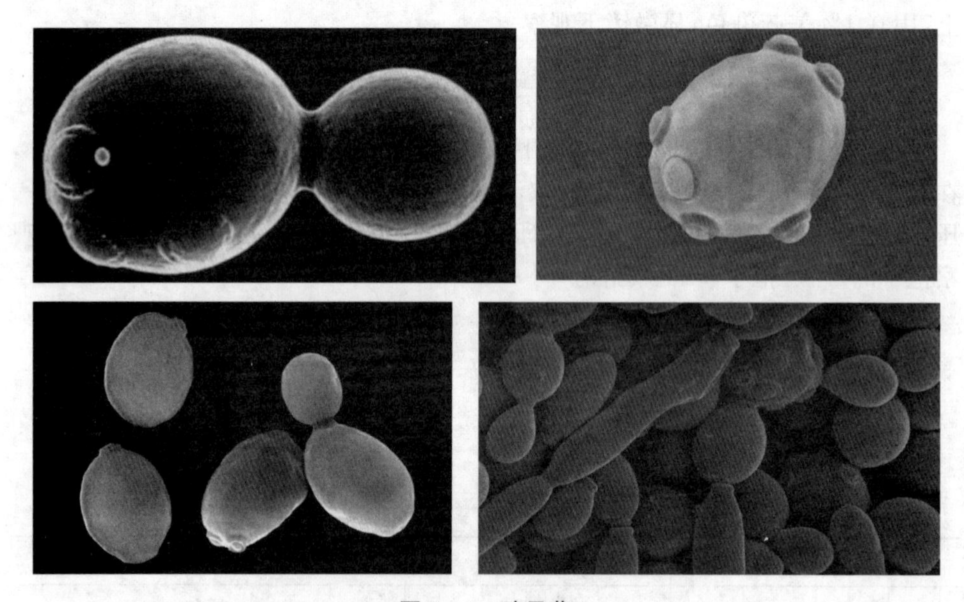

图 9-1　酵母菌

其菌落与细菌的相仿,但由于细胞比细菌的大,细胞内有许多分化的细胞器,细胞间隙含水量相对较少,因此菌落较大、较厚、外观较稠和较不透明。多数乳白色,少数红色(深红酵母),个别黑色(产荚膜线黑粉菌)。

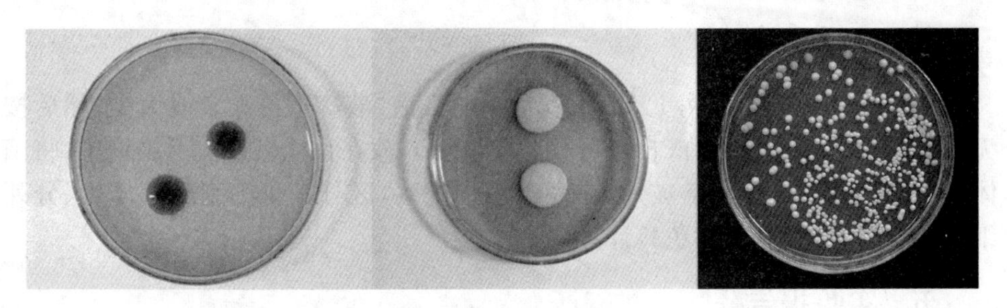

图 9-2　酵母菌菌落

2. 酵母菌的美蓝染色和死活鉴别

美蓝是一种无毒性染料，氧化型蓝色，还原型无色。

用美蓝对酵母细胞进行活细胞染色，由于细胞的新陈代谢作用，细胞具有较强的还原能力，使美蓝由蓝色的氧化型变为无色的还原型。

还原能力强的活酵母是无色的，死细胞或代谢作用微弱的衰老细胞则是蓝色或淡蓝色——死活鉴别。

三、实验材料

1. 药品

吕氏碱性美兰。

2. 菌种

自接菌种，酿酒酵母(*Saccharomyces cerevisiae*)。

3. 其他物品

显微镜，擦镜纸，载玻片，吸水纸，盖玻片。

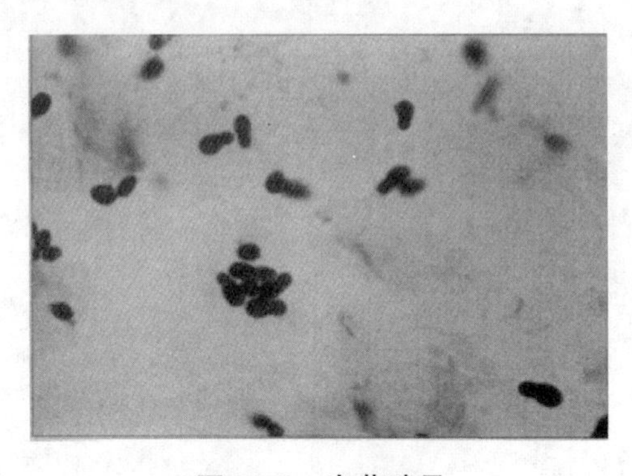

图 9-3　出芽酵母

四、实验内容

在载玻片中央加一滴1%吕氏碱性美兰染液,液滴不可太多或太少,然后按无菌操作取啤酒酵母少许(自接可疑酵母选做),放在吕氏碱性美兰染液中,将菌体与染液均匀混合。加盖玻片,在高倍镜下观察,区分其母细胞和芽体,区分死细胞(蓝色)和活细胞(白色),计算死亡率。

五、实验报告

(1) 绘图表示酿酒酵母和自接菌种的细胞和芽体;

(2) 计算酿酒酵母和自接菌种的死亡率。

在显微镜下,酵母菌有哪些突出的特征区别于一般细菌?

实验十　微生物的显微镜直接计数法

一、目的要求

学习并掌握使用血球计数板进行微生物的直接计数。

二、实验原理

测定微生物数量方法很多，通常采用的有显微镜直接计数法和平板计数法。

镜检计数法适用于各种含单细胞菌体的纯培养悬浮液，如有杂菌或杂质常不易分辨。菌体较大的酵母菌或霉菌孢子可采用血球计数板；一般细菌则采用彼得罗夫·霍泽（Petroff Hausser）细菌计数板。两种计数板的原理和部件相同，只是细菌计数板较薄，可以使用油镜观察。而血球计数板较厚，不能使用油镜，故细菌不易看清。

血球计数板是一块特制的厚载玻片，载玻片上有 4 条槽而构成 3 个平台。中间的平台较宽，其中间又被一短横槽分隔成两半，每个半边上面各有一个方格网（图 10－1）。每个方格网共分 9 大格，其中间的一大格（又称为计数室）常被用作微生物的计数。计数室的刻度有两种：一种是大方格分为 16 个中方格，而每个中方格又分成 25 个小方格；另一种是一个大方格分成 25 个中方格，而每个中方格又分成 16 个小方格。但是不管计数室是哪一种构造，它们都有一个共同特点，即每个大方格都由 400 个小方格组成（图 10－2）。

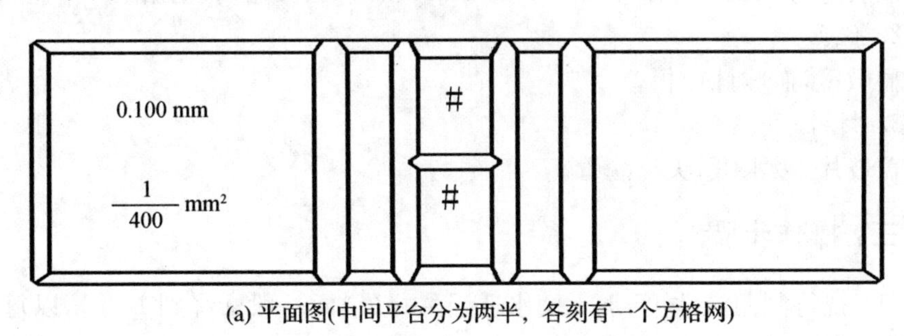

(a) 平面图(中间平台分为两半，各刻有一个方格网)

(b) 侧面图(中间平台与盖玻片之间有高度为 0.1 mm的间隙)

图 10－1　血球计数扳的构造

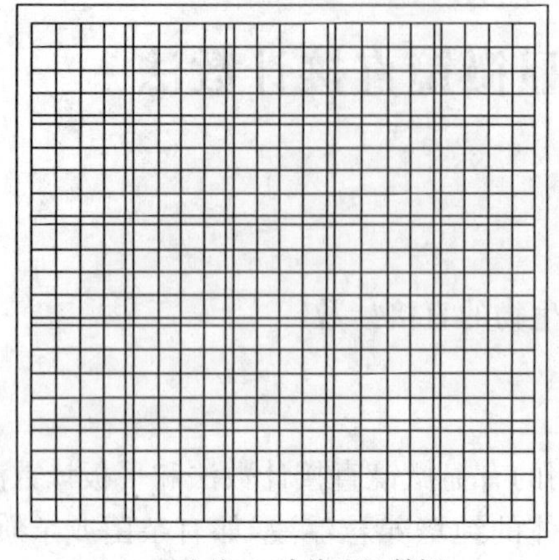
(a) 25大格×16小格型计数板

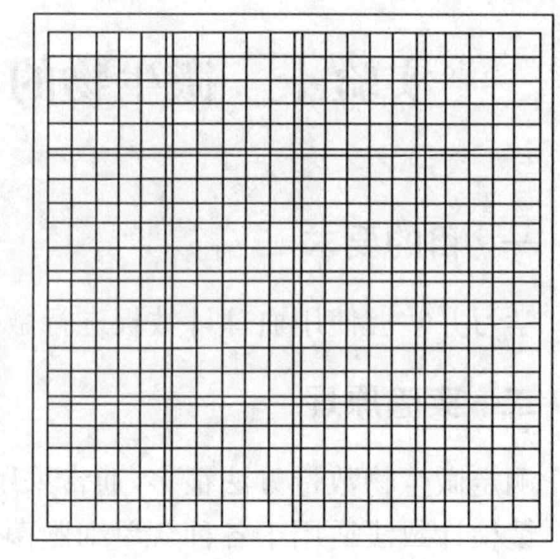
(b) 16大格×25小格型计数板

图 10－2 两种类型的计数室

每个大方格边长为 1 mm，则每一大方格的面积为 1 mm^2，每个小方格的面积为 1/400 mm^2，盖上盖玻片后，盖玻片与计数室底部之间的高度为 0.1 mm，所以每个计数室(大方格)的体积为 0.1 mm^3，每个小方格的体积为 1/4 000 mm^3。使用血球计数板直接计数时，先要测定每个小方格(或中方格)中微生物的数量，再换算成每毫升菌液(或每克样品)中微生物细胞的数量。

二、实验器材

1. 菌种

酿酒酵母(*Saccharomyces cerevisiae*)菌液，自接酵母菌菌液。

2. 仪器

显微镜，血球计数板。

3. 材料

盖玻片，吸水纸，尖嘴滴管。

三、操作步骤

(1) 视待测菌液浓度，加无菌水适当稀释(斜面一般稀释到 10^{-2})，以每小格的菌数可数为度。

(2) 取洁净的血球计数板一块，在计数室上盖上一块盖玻片。

(3) 将酵母菌液摇匀，用滴管吸取少许，从计数板中间平台两侧的沟槽内沿盖玻片的下边缘滴入一小滴(不宜过多)，使菌液沿两玻片间自行渗入计数室，勿使产生气泡，并用吸水纸吸去沟槽中流出的多余菌液。也可以将菌液直接滴加在计数室上,然后加盖盖玻片(勿使产生气泡)。

(4) 静置约 5 min,先在低倍镜下找到计数室后,再转换高倍镜观察计数。

(5) 计数时用 16 中格的计数板,要按对角线方位,取左上、左下、右上、右下的 4 个中格(即 100 小格)的酵母菌数。如果是 25 中格计数板。除数上述四格外,还需数中央 1 中格的酵母菌数(即 80 小格)。由于菌体在计数室中处于不同的空间位置,要在不同的焦距下才能看到,因而观察时必须不断调节微调螺旋,方能数到全部菌体,防止遗漏。如菌体位于中格的双线上,计数时则数上线不数下线,数左线不数右线,以减少误差。

(6) 凡酵母菌的芽体达到母细胞大小一半时,即可作为两个菌体计算。每个样品重复分数 2～3 次(每次数值不应招差过大,否则应重新操作),取其平均值,按下述公式计算出每毫升菌液所含酵母菌细胞数。

计数公式

① 16 格×25 格的血球计数板计算公式:

细胞数/mL＝100 小格内细胞个数/100×400×10 000×稀释倍数

② 25 格×16 格的血球计数板计算公式:

细胞数/mL＝80 小格内细胞个数/80×400×10 000×稀释倍数

(7) 血球计数板用后,在水龙头上用水柱冲洗干净,切勿用硬物洗刷或抹擦,以免损坏网格刻度。洗净后自行晾干或吹风机吹干。

注意事项

1. 加酵母菌液时,量不应过多,不能产生气泡;

2. 由于酵母菌菌体无色透明,计数观察时应仔细调节光线,或者用吕氏碱性美蓝染液处理酵母菌液;

3. 当更换不同放大倍数的目镜或物镜时,必须重新校正目镜测微尺每一格所代表的长度;

4. 不能用血球计数板对目镜测微尺在油镜下进行校正时,此时目镜测微尺每格相当于1 μm。

五、实验报告

微生物计数的结果填入下表。

计数次数	每个大方格菌数					稀释倍数	斜面中的总菌数	平均值
	1	2	3	4	5			
第一次								
第二次								

根据你的体会，说明用血细胞计数板计数的误差主要来自哪些方面？应如何尽量减少误差，力求准确？

实验十一　霉菌的形态结构观察

一、目的要求

掌握观察霉菌形态结构的基本方法,并观察霉菌的形态特征。

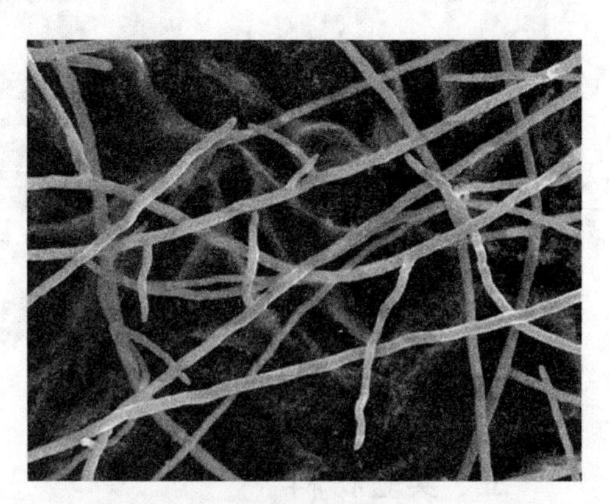

图 11-1　霉菌的菌丝

二、实验原理

(一) 霉菌形态

霉菌是由许多交织在一起的菌丝体构成。

霉菌细胞基本单位是菌丝,即管状细胞。

根据形态和功能菌丝分为营养菌丝、气生菌丝、子实体。

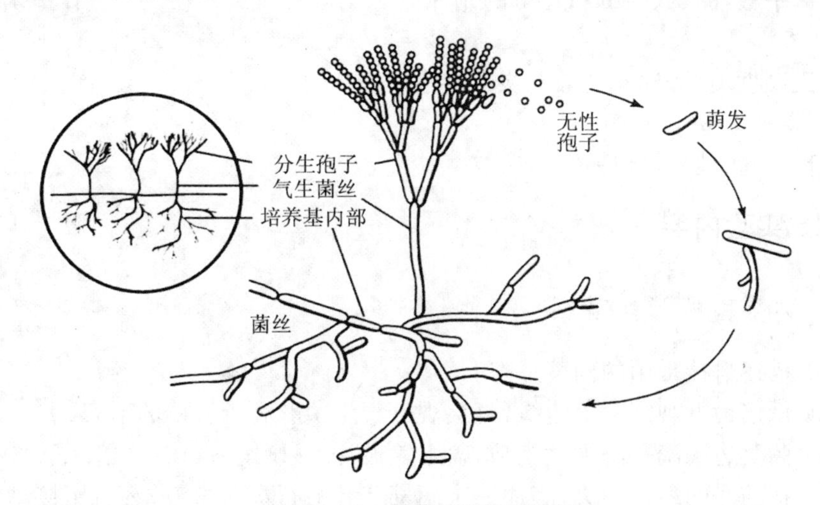

图 11-2　霉菌的形态示意图

由于霉菌的菌丝体较粗大,而且孢子容易飞散,如将菌丝体置于水中容易变形,故观察时将其置于乳酸石炭酸溶液中,保持菌丝体原形,使细胞不易干燥,并有杀菌作用。

(二) 霉菌菌落

菌落形态较大，质地一般比放线菌疏松，外观干燥，不透明，呈现或紧或松的蛛网状、绒毛状或棉絮状；菌落与培养基的连接紧密，不易挑取，菌落正反面的颜色和边缘与中心的颜色常不一致等。

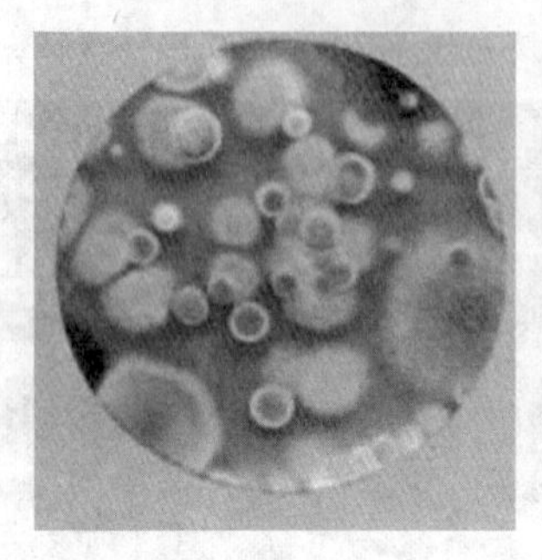

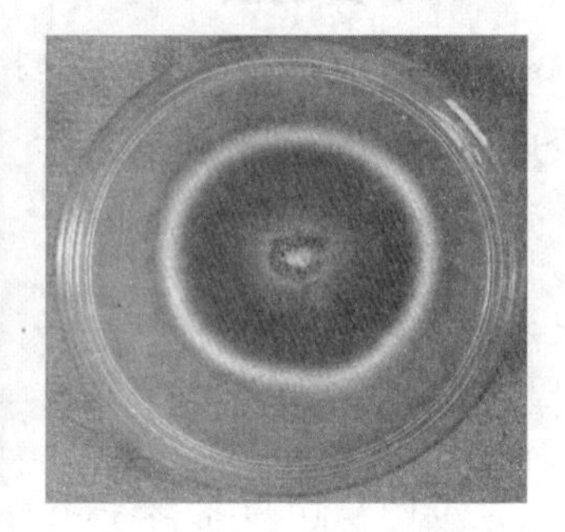

图 11-3　霉菌的菌落

三、实验材料

1. 菌种

霉菌平板，曲霉、根霉和青霉的制片。

2. 药物

吕氏碱性美兰、棉蓝乳酸石炭酸溶液。

3. 其他物品

载玻片，盖玻片，接种铲。

四、实验内容

(一) 霉菌的形态观察

(1) 描述自接霉菌的菌落形态。

(2) 低倍镜下观察菌落边缘，直接观察气生菌丝和子实体的形态。

(3) 菌落边缘滴一滴棉兰染液，盖上盖玻片，显微镜(低倍、高倍)下观察。

(4) 在洁净的载片中央，滴加一小滴棉蓝乳酸石炭酸溶液，然后用接种针从菌落的边缘挑取少许菌丝置于其中，使其摊开，轻轻盖上盖片(勿出现气泡)，显微镜下观察(低倍、高倍)并画图。

(5) 载玻片培养观察

① 培养小室准备及灭菌：在平皿皿底铺一张略小于皿底的圆滤纸片，在其

上面放一个U型玻棒，在U型玻棒上放一块载玻片和两块盖玻片，盖上皿盖，于121℃灭菌30 min，烘干备用。

② 琼脂块制备：通过无菌操作，用解剖刀由马铃薯薄层平板上切下1 cm^2左右的琼脂块，将其移至培养小室的载玻片上，每片两块。

③ 接种：通过无菌操作，用接种针从霉菌琼脂平板培养物中挑取很少量孢子，接种于培养小室中琼脂块边缘上，将盖玻片覆盖在琼脂块上。

④ 培养：通过无菌操作，在培养小室中圆滤纸片上加3～5 mL灭菌的20%甘油（用于保持湿度），盖上皿盖，于28℃培养。

⑤ 镜检：根据需要于不同时间取出载玻片用低倍镜和高倍镜检。

⑥ 观察曲霉、根霉和青霉的制片，画图。

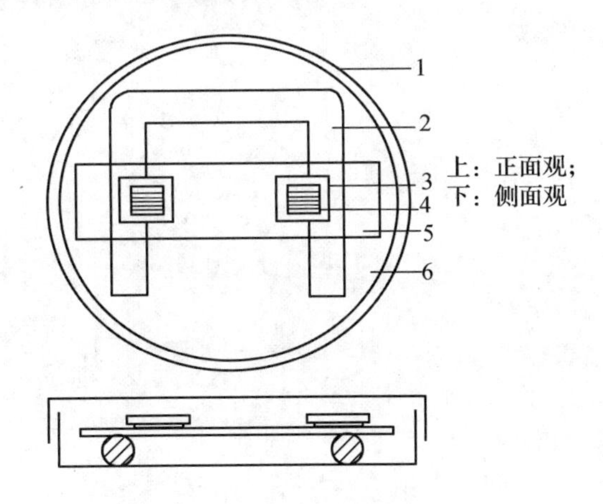

图11－4　载玻片培养法示意图

1－培养皿；2－U形玻棒；3－盖玻片；4－培养物；5－载玻片；6－保湿用滤纸

五、实验报告

(1) 请将自接霉菌的菌落特征填于下表内。

形态（包括同心环，放射纹、水滴、突起等特征的有无）	正面颜色	反面颜色	菌落大小（cm）	表面光泽	与培养基结合程度

(2) 绘制你所培养的小室培养的微生物的形态，并注明各结构的名称。

(3) 绘图表示曲霉、根霉和青霉的子实体，并说明子实体名称。

1. 你主要根据哪些形态来区分上述四种霉菌？
2. 玻璃纸应怎样进行灭菌？为什么？

实验十二　细菌生长曲线的测定

一、基本原理

生长曲线是微生物在液体培养基中所表现出来的生长、繁殖的规律，不同的微生物表现为不同的生长曲线，而即使是同一种微生物在不同培养条件下，其生长曲线也不同。因此测定微生物的生长曲线对于了解，掌握微生物的生长规律是有帮助的。

由于细菌悬液的浓度与混浊度成正比，因此可利用光电比色计测定菌悬液的光密度来推知菌液的浓度。本实验是以活菌计数法与光电比浊法相对应来测定大肠杆菌在不同培养条件下的生长曲线，从而观察分析大肠杆菌在这些培养条件下的生长情况。

本实验用分光光度计(spectrophotometer)进行光电比浊测定不同培养时间细菌悬浮液的 OD 值，绘制生长曲线。也可以直接用试管或带有测定管的三角瓶(图 12－1)测定“klett unts”值的光度计。如图 12－2 所示，只要接种 1 支试管或 1 个带测定管的三角瓶，在不同的培养时间(横坐标)取样测定，以测得的 klett unts 为纵坐标，便可很方便地绘制出细菌的生长曲线。如果需要，可根据公式 1klett units＝OD/0.002 换算出所测菌悬液的 OD 值。

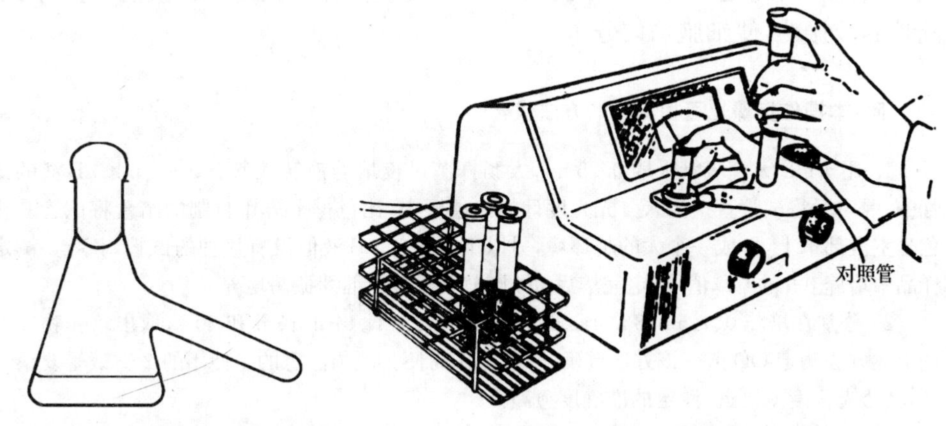

图 12－1　带侧壁试管的三角瓶　　　　图 12－2　直接用试管测定 OD 值

二、实验材料

培养了 20 h 的大肠杆菌悬液，肉汤蛋白胨培养基(液体、固体)，浓缩的肉汤蛋白胨液体培养基(浓缩 5 倍),无菌酸溶液(甲酸∶乙酸∶乳酸=3∶1∶1),无菌生理盐水。1 mL 及 5 mL 无菌吸管,无菌试管,无菌平皿,血球计数器,显微镜,光电比色计,无菌离心管,离心机等。

三、操作步骤

1. 标记

取 11 支无菌大试管,用记号笔分别标明培养时间,即 0、1.5 h、3 h、4 h、6 h、8 h、10 h、12 h、14 h、16 h 和 20 h。

2. 接种

分别用 5 mL 无菌吸管吸取 2.5 mL 大肠杆菌过夜培养液(培养 10 h～12 h)转入盛有 50 mL LB 液的三角瓶内,混合均匀后分别取 5 mL 混合液放入上述标记的 11 支无菌大试管中。

3. 培养

将已接种的试管置摇床 37℃振荡培养(振荡频率 250 r/min),分别培养 0、1.5 h、3 h、4 h、6 h、8 h、10 h、12 h、14 h、16 h 和 20 h,将标有相应时间的试管取出,立即放冰箱中贮存,最后一同比浊测定其光密度值。

4. 比浊测定

用未接种的 LB 液体培养基作空白对照,选用 600 nm 波长进行光电比浊测定。从早取出的培养液开始依次测定,对细胞密度大的培养液用 LB 液体培养基适当稀释后测定,使其光密度值在 0.1～0.65 之内(测定 OD 值前,将待测定的培养液振荡,使细胞均匀分布)。

附:本操作步骤也可用简便的方法代替

1. 用 1 mL 无菌吸管吸取 0.25 mL 大肠杆菌过夜培养液转入盛有 3～5 mL LB 液的试管中、混匀后将试管直接插入分光光度计的比色槽中,比色槽上方用自制的暗盒将试管及比色暗室全部罩上,形成一个大的暗环境,另以 1 支盛有 LB 液但没有接种的试管调零点,测定样品中培养 0 h 的 OD 值. 测定完毕后,取出试管置 37℃继续振荡培养。

2. 分别在培养 0、1.5 h、3 h、4 h、6 h、8 h、10 h、12 h、14 h、16 h 和 20 h,取出培养物试管按上述方法测定 OD 值。该方法准确度高、操作简便。但须注意的是使用的 2 支试管要很干净,其透光程度愈接近,测定的准确度愈高。

四、实验报告

(1) 将测定的 OD600 值填入下表。

培养时间/h	对照	0	1.5	3	4	6	8	10	12	14	16	20
OD 600												

（2）绘制生长曲线

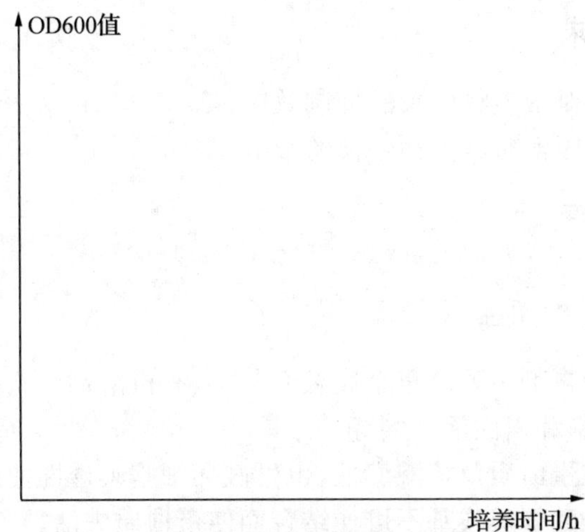

思考题

1. 如果用活菌计数法制作生长曲线，你认为会有什么不同？两者各有什么优缺点？

2. 细菌生长繁殖所经历的四个时期中，哪个时期其代时最短？若细胞密度为 10^3/mL，培养 4.5 h 后，其密度高达 2×10^8/mL，请计算出其代时。

3. 次生代谢产物的大量积累在哪个时期？根据细菌生长繁殖的规律，采用哪些措施可使次生代谢产物积累更多？

实验十三 药物和生物因素对细菌生长的影响

一、目的要求

(1) 了解药物对微生物生长的抑制效应;

(2) 了解生物因素对微生物生长的影响。

二、实验原理

(一) 药物对细菌生长的影响

常用的化学消毒剂主要有重金属及其盐类、有机溶剂(酚、醇、醛等)、卤族元素及其化合物、染料和表面活性剂等。

有机溶剂可使蛋白质及核酸变性,也可破坏细胞膜透性使内含物外溢。

碘可与蛋白质酪氨酸残基不可逆结合而使蛋白质失活。

染料在低浓度条件下可抑制细菌生长,但对细菌的作用具有选择性,G^+菌比G^-菌对染料更加敏感。

表面活性剂能降低溶液表面张力,作用于细胞膜,改变其透性,同时使蛋白质发生变性。

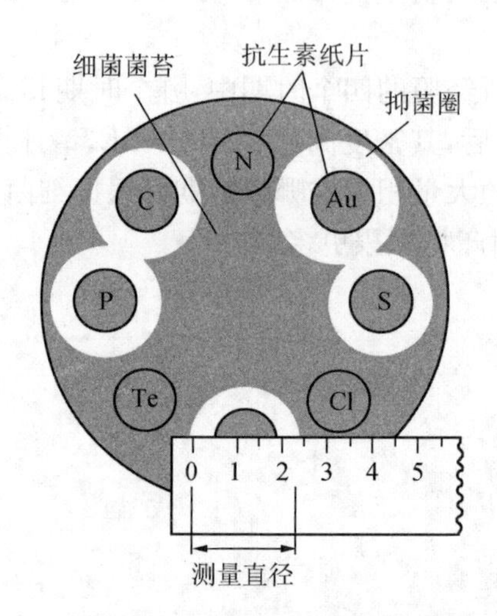

图 13-1 滤纸片法测定化学消毒剂的杀(抑)菌作用

（二）生物因素对细菌生长的影响

许多微生物在生命活动的过程中能产生某种特殊的代谢产物如抗生素，具有选择性地杀死或抑制其他微生物的作用。

每种抗生素都有自己的抗菌范围，称为抗菌谱。凡是抗菌谱即抗菌范围不广泛的抗生素称为窄谱抗生素，如青霉素只对革兰氏阳性菌有抗菌作用，而对革兰氏阴性菌、结核菌、立克次体等均无疗效，故青霉素就属于窄谱抗生素。相反地，氯霉素、四环素等由于对革兰氏阳性菌、革兰氏阴性菌、立克次体、沙眼衣原体、肺炎支原体等也都有不同程度的抑制作用，所以被称为广谱抗菌药物。20世纪90年代以来，抗生素的种类应用范围都有了飞速发展，原来窄谱的抗生素如青霉素经过改造，产生了许多半合成的青霉素，扩大了原来的抗菌范围，如氨苄青霉素、羟苄青霉素不但对革兰氏阳性菌有效，而且对革兰氏阴性菌也很有效，特别对伤寒杆菌、痢疾杆菌效果也不错。近年来出现的第三代头孢菌素、抗菌谱也很广。总起来说，窄谱抗生素针对性强，不容易产生二重感染，但在治疗严重或混合多种细菌感染时需要联合用药。而广谱抗生素抗菌谱广，应用范围大，容易产生耐药、二重感染等，针对性也不如窄谱抗生素强。所以广谱抗生素和窄谱抗生素各有利弊，必须正确对待，合理选用。

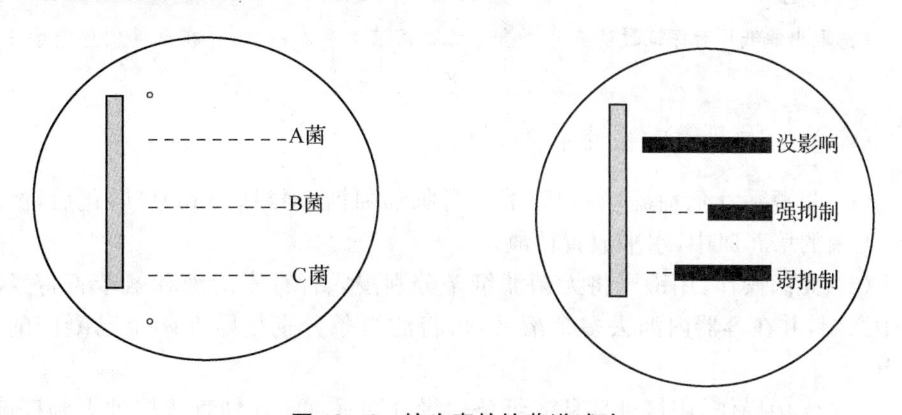

图 13-2　抗生素的抗菌谱试验

三、实验材料

无菌水、无菌的生理盐水、大肠杆菌、自接细菌、枯草杆菌斜面和大肠杆菌、自接细菌的液体培养液、牛肉膏蛋白胨培养基、豆芽汁葡萄糖琼脂培养基、2.5％碘酒、5％石炭酸、75％乙醇、新洁尔灭、1％来苏尔、结晶紫、青霉素溶液（80 万单位 mL）、氨苄青霉素溶液（80 万单位 mL）。

无菌的培养皿、无菌的移液管、无菌滤纸片(D 5 mm)、无菌滤纸条、镊子、接种环。

四、实验过程

(一) 滤纸片法测定化学消毒剂的杀(抑)菌作用

(1) 将已灭菌牛肉膏蛋白胨琼脂培养基倒入无菌的培养皿中，水平放置待凝。

(2) 分别用无菌的枪头吸取 0.2 mL 培养 18 h 的大肠杆菌菌液和自接细菌的培养液加入到上述平板中，用无菌的三角涂布棒涂布均匀。

(3) 将已涂布好的平板底皿划分成 6 等份，每一份内标明一种消毒剂的名称(2.5%碘酒、5%石炭酸、75%乙醇、新洁尔灭、1%来苏尔、结晶紫)。

(4) 用无菌的镊子将已灭菌的小圆纸片分别浸入装有各种消毒剂溶液的试管中浸湿，在试管内壁沥去多余药液，无菌操作将滤纸片贴在平板相应区域，平板中间贴上浸有无菌的生理盐水的滤纸片作为对照。

(5) 37℃培养 48 h。

注意事项

注意取出滤纸片时保证过滤纸片所含消毒剂溶液量基本一致，并在试管内壁沥去多余药液。

(二) 生物因素对微生物的影响。

(1) 将豆芽汁葡萄糖培养基(酵母膏胨葡萄糖培养基(YPD))熔化后，倒入 2 个无菌的培养皿中，水平放置待凝。

(2) 无菌操作，用镊子将无菌滤纸条分别浸入青霉素溶液和氨苄青霉素溶液中润湿，并在容器内沥去多余溶液，再将滤纸条分别粘贴在两个已凝固的平板上。

(3) 无菌操作，用接种环从滤纸条边缘分别垂直向外划直线接种大肠杆菌、枯草芽孢杆菌和自接菌种。

(4) 37℃培养 48 h 后观察。

注意事项

溶液量不要太多，而且在贴滤纸条时不要拖动滤纸条，避免抗生素溶液在培养基中分布时不均匀。

五、实验报告

（1）各种化学试剂对大肠杆菌和自接细菌的作用能力。

消毒剂	对大肠杆菌的抑菌直径/mm	对自接细菌的抑菌直径/mm
碘酒		
石炭酸		
乙醇		
新洁尔灭		
来苏尔		
结晶紫		

（2）生物因素对微生物的影响。

抗生素	抑菌效果		
	大肠杆菌	枯草芽孢杆菌	自接菌种
青霉素			
氨苄青霉素			

思考题

1. 本实验中使用的2.5%碘酒、5%石炭酸、75%乙醇、新洁尔灭、1%来苏尔、结晶紫，抑菌的原理分别是什么？

2. 为什么滤纸片和滤纸条都不能浸过多得药液？

3. 如果抑菌带内隔一段时间后又长出少数菌落，你如何解释这种现象？

4. 某实验室获得一株产抗生素的菌株，请设计一简单实验，测定此菌株所产抗生素的抗菌谱。

5. 滥用抗生素会造成什么样的后果？原因是什么？如何解决这个问题？

实验十四　常见的生理生化试验Ⅰ

——大分子物质的水解试验

一、目的要求

（1）证明不同微生物对各种有机大分子的水解能力不同，从而说明不同微生物有着不同的酶系统；

（2）掌握进行微生物大分子水解试验的原理和方法。

二、实验原理

微生物对大分子的淀粉、蛋白质和脂肪不能直接利用，必须靠产生的胞外酶将大分子物质分解才能被微生物吸收利用。胞外酶主要为水解酶，通过加水裂解大的物质为较小的化合物，使其能被运输至细胞内。如淀粉酶水解淀粉为小分子的糊精、双糖和单糖；脂肪酶水解脂肪为甘油和脂肪酸；蛋白酶水解蛋白质为氨基酸等。这些过程均可通过观察细菌菌落周围的物质变化来证实：淀粉遇碘液会产生蓝色，但细菌水解淀粉的区域，用碘测定不再产生蓝色，表明细菌产生淀粉酶。脂肪水解后产生脂肪酸可改变培养基的 pH，使 pH 降低，加入培养基的中性红指示剂会使培养基从淡红色变为深红色，说明胞外存在着脂肪酶。

微生物可以利用各种蛋白质和氨基酸作为氮源外，当缺乏糖类物质时，亦可用它们作为碳源和能源。明胶是由胶原蛋白经水解产生的蛋白质，在 25℃以下可维持凝胶状态，以固体形式存在。而在 25℃以上明胶就会液化。有些微生物可产生一种称作明胶酶的胞外酶，水解这种蛋白质，而使明胶液化，甚至在 4℃仍能保持液化状态。

还有些微生物能水解牛奶中的蛋白质酪素，酪素的水解可用石蕊牛奶来检测。石蕊培养基由脱脂牛奶和石蕊组成，是浑浊的蓝色。酪素水解成氨基酸和肽后，培养基就会变得透明。石蕊牛奶也常被用来检测乳糖发酵，因为在酸存在下，石蕊会转变为粉红色，而过量的酸可引起牛奶的固化（凝乳形成）。氨基酸的分解会引起碱性反应，使石蕊变为紫色。此外，某些细菌能还原石蕊，使试管底部变为白色。

尿素是由大多数哺乳动物消化蛋白质后被分泌在尿中的废物。尿素酶能分解尿素释放出氨，这是一个分辨细菌很有用的诊断实验。尽管许多微生物都可以产生尿素酶，但它们利用尿素的速度比变形杆菌属（Proteus）的细菌要慢，因此尿素酶试验被用来从其他非发酵乳糖的肠道微生物中快速区分这个属的成员。尿素琼脂含有蛋白胨、葡萄糖、尿素和酚红。酚红在 pH6.8 时为黄色，而在培养过程中，产生尿素酶的细菌将分解尿素产生氨，使培养基的 pH 升高，在 pH 升至 8.4 时，指示剂就转变为深粉红色。

三、实验材料

1. 菌种

枯草芽孢杆菌，大肠杆菌，金黄色葡萄球菌，铜绿假单胞菌（*Pseudomonas aeruginosa*），普通变形杆菌，自接细菌。

2. 培养基

固体油脂培养基，固体淀粉培养基，明胶培养基试管，石蕊牛奶试管，尿素琼脂试管。

3. 溶液或试剂

革兰氏染色用卢戈氏碘液。

4. 仪器或其他用具

无菌平板，无菌试管，接种环，接种针，试管架。

四、实验步骤

1. 淀粉水解试验

（1）将固体淀粉培养基溶化后冷却至 50℃左右，无菌操作制成平板。

（2）用记号笔在平板底部划成四部分。

（3）将枯草芽孢杆菌，大肠杆菌，金黄色葡萄球菌，自接细菌分别在不同的部分划线接种，在平板的反面分别在四部分写上菌名。

（4）将平板倒置在 37℃温箱中培养 24 h。

（5）观察各种细菌的生长情况，将平板打开盖子，滴入少量 Lugol's 碘液于平皿中，轻轻旋转平板，使碘液均匀铺满整个平板。

如菌苔周围出现无色透明圈，说明淀粉已被水解，为阳性。透明圈的大小可初步判断该菌水解淀粉能力的强弱，即产生胞外淀粉酶活力的高低。

2. 油脂水解试验

（1）将溶化的固体油脂培养基冷却至 50℃左右时，充分摇荡，使油脂均匀分布。无菌操作倒入平板，待凝。

（2）用记号笔在平板底部划成四部分，分别标上菌名。

（3）将上述四种菌分别用无菌操作划“十”字接种于平板的相对应部分的

中心。

(4) 将平板倒置，于 37℃温箱中培养 24 h。

(5) 取出平板，观察菌苔颜色，如出现红色斑点说明脂肪水解，为阳性反应。

3. 明胶水解试验

(1) 取 4 支明胶培养基试管，用记号笔标明各管欲接种的菌名。

(2) 用接种针分别穿刺接种枯草芽孢杆菌，大肠杆菌，金黄色葡萄球菌，自接细菌。

(3) 将接种后的试管置 20℃中，培养 2～5 d。

(4) 观察明胶液化情况。

如菌已生长，明胶表面无凹陷且为稳定的凝块，则为明胶水解阴性。如明胶凝块部分或全部在 20℃以下变为可流动的液体，则为明胶水解阳性。如菌已生长，明胶未液化，但明胶表面菌苔下出现凹陷小窝(须与未接种的对照管比较，因培养过久的明胶因水份失散也会凹陷)也是轻度水解，按阳性记录。若细菌未生长，则或是不在明胶培养基上生长，或是基础培养基不适宜。

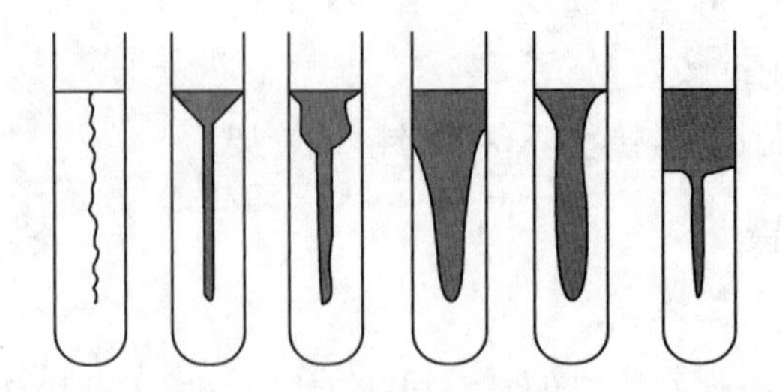

图 14-1 明胶培养基中穿刺培养并液化明胶的特征

4. 石蕊牛奶试验

(1) 取三支石蕊牛奶培养基试管，用记号笔标明各管欲接种的菌名。

(2) 分别接种普通变形杆菌，金黄色葡萄球菌和自接细菌。

(3) 将接种后的试管置 35℃中，培养 24～48 h。

(4) 观察培养基颜色变化。石蕊在酸性条件下为粉红色，碱性条件下为紫色，而被还原时为白色。

5. 尿素试验

(1) 取三支尿素培养基斜面试管，用记号笔标明各管欲接种的菌名。

(2) 分别接种普通变形杆菌，金黄色葡萄球菌和自接细菌。

(3) 将接种后的试管置 35℃中，培养 24～48 h。

(4) 观察培养基颜色变化。尿素酶存在时为红色，无尿素酶时应为黄色。

注意事项

明胶质量不一，在培养基中所用数量也难统一，以在20℃时凝固成稳定的凝块为宜。夏天明胶培养基不易凝固时，则用12%。为了便于比较，在同一实验室内，最好用同一牌号同一浓度的明胶。

附：穿刺接种

用接种环从斜面上蘸取少许菌苔(同斜面划线)，在火焰旁迅速将沾有菌种的接种针自培养基中心垂直地刺入培养基中。穿刺时要做到手稳、动作轻巧快速，并且要将接种针穿刺到接近试管的底部(3/4)，然后沿着接种线将针拔出(有两种手持操作法。一种是水平法，它类似于斜面接种法；一种则称垂直法。)灼烧试管口，并在火焰旁将管塞旋上。塞棉塞时，不要用试管去迎棉塞，以免试管在移动时纳入不洁空气。将接种环灼烧灭菌，放下接种环，再将棉花塞旋紧。

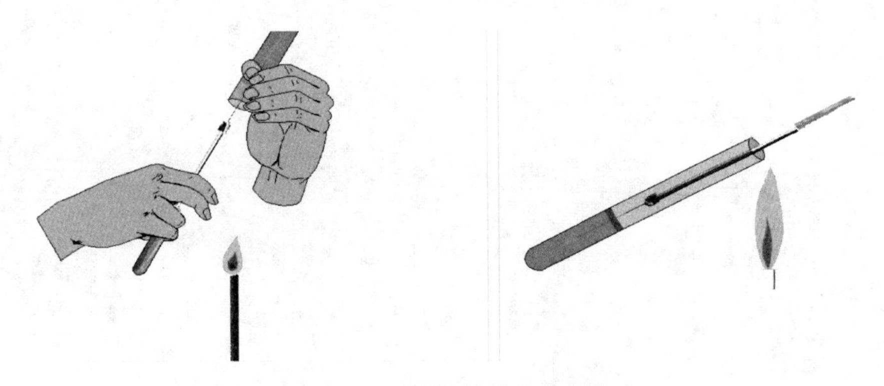

图 14－2　穿刺接种的两种方法

五、实验报告

将结果填入下表，“＋”表示阳性，“－”表示阴性。

菌名	淀粉水解试验	脂肪水解试验	明胶液化试验	石蕊牛奶试验	尿素试验
枯草芽孢杆菌					
大肠杆菌					
金黄色葡萄球菌					
普通变形杆菌					
自接细菌					

思考题

1. 你怎样解释淀粉酶是胞外酶而非胞内酶？

2. 不利用碘液，你怎样证明淀粉水解的存在？

3. 接种后的明胶试管可以在35℃培养，在培养后你必须做什么才能证明水解的存在？

4. 解释在石蕊牛奶中的石蕊为什么能起到氧化还原指示剂的作用？

5. 为什么尿素试验可用于鉴定 *Proteus* 细菌？

实验十五　常见的生理生化试验Ⅱ

——糖发酵和 IMViC 试验

一、目的要求

了解糖发酵试验和 IMViC 试验的原理及其在细菌菌鉴定中的意义和方法。

二、实验原理

各种细菌具有各自独特的酶系统，因而对底物的分解能力不同，其代谢产物也不同。

用生理生化方法测定这些代谢产物，可用来区别和鉴定细菌的种类。

生理生化试验的方法很多，常见的就是糖发酵试验和 IMViC 试验。IMViC 是吲哚(indol test)、甲基红(methyl red test)、伏-普(Voges-Prolauer test)和柠檬酸盐(citrate test)4 个试验的缩写，i 是英文中为发音方便加上去的。

(一) 柠檬酸盐利用

测定细菌能否利用柠檬酸盐为碳源的能力。

溴百里酚蓝：pH 小于 6.0 时黄色，pH 在 6.0～7.0 时绿色，pH 大于 7.0 时蓝色。

某些细菌在分解柠檬酸钠及培养基中的磷酸二氢铵后，产生碱性化合物，使培养基的 pH 升高，培养基呈碱性，培养基由绿变蓝。

(二) 糖发酵试验

糖发酵试验是常用的鉴别微生物的生化反应，在肠道细菌的鉴定上尤为重要。

绝大多数细菌都能利用糖类作为碳源和能源，但是它们在分解糖类物质的能力上有很大的差异。

有些细菌能分解某种糖，如大肠杆菌能分解葡萄糖和乳糖。

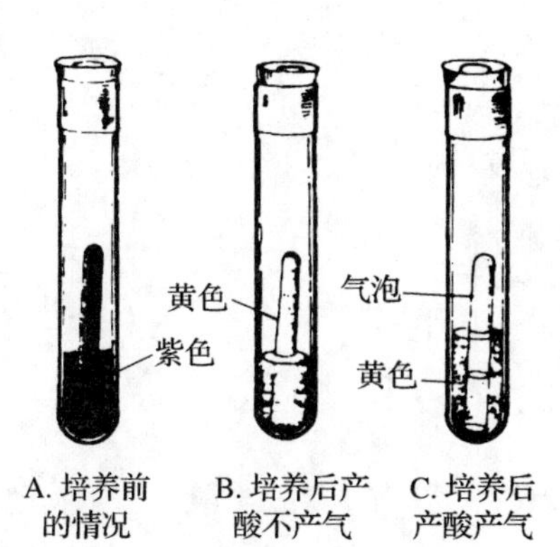

图 15-1　糖发酵试验

有些细菌分解某种糖产生有机酸(如乳酸、醋酸、丙酸等)和气体(如氢气、甲烷、二氧化碳等),如大肠杆菌分解葡萄糖产酸并产气;有些细菌分解某种糖只产酸不产气,如伤寒杆菌分解葡萄糖产酸不产气有些细菌不能分解某种糖,如伤寒杆菌分解葡萄糖,不能分解乳糖产酸可通过培养基中溴百里酚蓝由绿变黄来表示。产气则可通过德汉氏小试管有无气泡来显示。

(三) 甲基红试验

肠杆菌科各菌属都能发酵葡萄糖,在分解葡萄糖过程中产生丙酮酸,进一步分解中,由于糖代谢的途径不同,可产生乳酸、琥珀酸、醋酸和甲酸等大量酸性产物,可使培养基 pH 下降至 pH4.5 以下,此 pH 使甲基红由黄变红,如加入甲基红试剂培养基变红,则甲基红试验阳性。

大肠杆菌混合酸发酵产生大量的酸,可以使培养基的 pH 下降到 4.5 以下,大肠杆菌即为甲基红试验阳性。

(四) V-P 试验

某些细菌在葡萄糖蛋白胨水培养基中能分解葡萄糖产生丙酮酸,丙酮酸缩合,脱羧成 3-羟基丁酮($CH_3CH(OH)CH(OH)CH_3$)(乙酰甲基甲醇),而3-羟基丁酮在碱性条件,用 α-萘酚催化下,生成二乙酰,二乙酰和培养基蛋白胨中精氨酸的胍基生成红色化合物。

$$葡萄糖 \longrightarrow 2\ \underset{丙酮酸}{CH_3-CO-COOH} \xrightarrow{-CO_2} \underset{乙酰乳酸}{CH_3-CO-COHCOOH-CH_3} \xrightarrow{-CO_2} \underset{乙酰甲基甲醇}{CH_3-CO-CHOH-CH_3} \xrightarrow{2H} \underset{2,3-丁二醇}{CH_3-CHOH-CHOH-CH_3}$$

$$\underset{乙酰甲基甲醇}{CH_3-CO-CHOH-CH_3} \xrightarrow{+OH^-\ \ -2H} \underset{二乙酰}{CH_3-CO-CO-CH_3}$$

$$CH_3COCOCH_3 + HN{=}C(NH_2)_2 \longrightarrow HN{=}C<(N{=}C{-}CH_3)(N{=}C{-}CH_3) + 2H_2O$$

二乙酰　　胍基　　红色化合物

（五）吲哚试验

某些细菌含有色氨酸酶，分解蛋白质中的色氨酸生成吲哚和丙酮酸吲哚与对二甲氨基苯甲醛结合形成红色的玫瑰吲哚。

吲哚试剂含对二甲氨基苯甲醛，加入吲哚试剂后呈玫瑰色即为吲哚试验阳性，不变色为阴性。

$$\text{C—}CH_2CHNH_2COOH\ (\text{indole ring, CH, NH}) + H_2O \xrightarrow{\text{色氨酸酶}} \text{(indole: CH, CH, NH)} + NH_2 + CH_2COCOOH$$

色氨酸　　吲哚

$$2\ \text{(indole: CH, CH, NH)} + N(CH_3)_2C_6H_4CH{=}O \longrightarrow N(CH_3)_2C_6H_4CH(\text{indolyl})_2 + H_2O$$

吲哚　　对二甲氨基苯甲醛　　玫瑰吲哚

三、实验材料

1. 菌种

大肠杆菌、枯草杆菌、自接细菌斜面。

2. 其他材料

葡萄糖发酵管（内倒置小套管），葡萄糖蛋白胨水，蛋白胨水，淀粉培养基（平板），柠檬酸盐培养基（斜面）；吲哚试剂，碘液，乙醚，甲基红试剂，40％KOH，5％ α-萘酚，6％过氧化氢；接种环，酒精灯。

四、实验过程

1. 接种与培养

取 18～24 h 的大肠杆菌、枯草杆菌和自接菌种分别接种在 3 支糖发酵管培养基，3 支蛋白胨（吲哚试验）培养基，3 支葡萄糖蛋白胨培养基（甲基红和 V 中），接种完毕，贴好标签，37℃培养 48 h。

2. 结果观察

(1) 糖发酵试验直接观察

① 培养液绿变黄——该菌利用葡萄糖产酸

◆ 德汉氏小试管有气泡——该菌利用葡萄糖产酸产气

◆ 德汉氏小试管无气泡——该菌利用葡萄糖产酸不产气

② 培养液不变色——该菌不能利用葡萄糖产酸

◆ 德汉氏小试管无气泡

(2) 柠檬酸盐试验直接观察

① 培养基由绿变蓝——该菌柠檬酸盐试验阳性

② 培养基颜色不变——该菌柠檬酸盐试验阴性

(3) 吲哚试验

在蛋白胨水培养基中加入 3～4 滴乙醚，摇动几次，静置 1～3 min，待乙醚上升后，沿试管壁慢慢加入 8 滴吲哚试剂观察。

① 醚层呈红色——该菌吲哚试验阳性

② 乙醚层呈不变色——该菌吲哚试验阴性性

(4) 甲基红和 V－P 试验

将各葡萄糖蛋白胨水溶液培养基分别分为 2 管，其中一管加入 2 滴甲基红试剂观察。

① 培养基呈鲜红色——该菌甲基红试验为阳性

② 培养基呈淡红色或橘红色——该菌甲基红试验为弱阳性

③ 培养基呈橘黄色或黄色——该菌甲基红试验为阴性

另一管加入 40％KOH 5～10 滴，再加入等量的 5％ α－萘酚，用力振荡，37℃保温，15～30 min 后观察。

④ 培养基呈红色——该菌 V－P 试验为阳性

⑤ 培养基呈呈黄色——该菌 V－P 试验为阴性

附：由斜面接种至液体培养基

用接种环从斜面上沾取少许菌苔（同斜面划线），取出待接液体试管或液体三角瓶（动作要快），使试管或三角瓶微微倾斜，试管口缓缓过火灭菌，在火焰旁迅速将沾有菌种的接种环首先在液体表面的管内壁上轻轻摩擦，使菌体分散从环上脱开，再进一步倾斜试管或三角瓶使液体浸没菌体，同时轻轻摇动使菌体进入液体培养基中，移出接种环，灼烧试管或三角瓶管口，并在火焰旁将管塞旋上。将灼烧接种环灭菌，放下接种环，再将棉花塞旋紧，振荡试管或三角瓶。

注意事项

糖发酵管在接种后,轻缓摇动试管,使其均匀,防止倒置的小管进入气泡。

五、实验报告

将实验结果填入下表。

项目	大肠杆菌		枯草杆菌		自接菌种	
	现象	结论	现象	结论	现象	结论
糖发酵试验						
柠檬酸试验						
甲基红试验						
V-P试验						
吲哚试验						

思考题

1. 讨论 IMViC 试验在医学检验上的意义。

2. 解释在细菌培养中吲哚检测的化学原理,为什么在这个试验中用吲哚的存在作为色氨酸酶活性的指示剂,而不是丙酮酸?

实验十六　用 16S rDNA 方法鉴定细菌种属

一、目的要求

(1) 掌握 16S rDNA 对细菌进行分类的原理及方法；

(2) 掌握 DNA 提取、PCR 原理及方法、DNA 片段回收等实验操作。

二、实验原理

随着分子生物学的迅速发展，细菌的分类鉴定从传统的表型、生理生化分类进入到各种基因型分类水平，如(G+C)mo1%、DNA 杂交、rDNA 指纹图、质粒图谱和 16S rDNA 序列分析等。

细菌中包括有三种核糖体 RNA，分别为 5S rRNA、16S rRNA、23S rRNA，rRNA 基因由保守区和可变区组成。16S rRNA 对应于基因组 DNA 上的一段基因序列称为 16S rDNA。5S rRNA 虽易分析，但核苷酸太少，没有足够的遗传信息用于分类研究；23S rRNA 含有的核苷酸数几乎是 16S rRNA 的两倍，分析较困难。而 16S rRNA 相对分子量适中，又具有保守性和存在的普遍性等特点，序列变化与进化距离相适应，序列分析的重现性极高，因此，现在一般普遍采用 16S rRNA 作为序列分析对象对微生物进行测序分析。

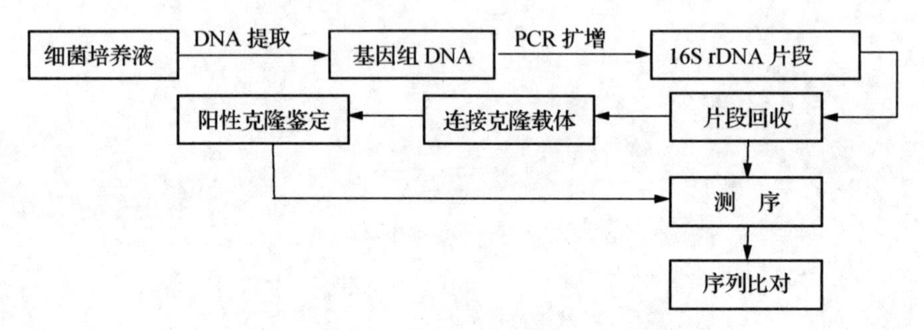

图 16-1　16S rDNA 鉴定细菌的技术路线

三、实验材料

1. 试剂

UNIQ-10 柱式细菌基因组 DNA 抽提试剂盒，4×dNTP，Taq 酶，引物等。

2. 器皿

0.5 mL 薄壁 Eppendorf 管。

3. 仪器

PCR 自动扩增仪，离心机，微量注射器，微量移液器，电泳仪水平电泳槽，透射紫外观察仪等。

四、操作步骤

1. 细菌基因组 DNA 提取(UNIQ－10 柱式细菌基因组 DNA 抽提试剂盒)

(1) 挑单菌落接种到 10 mL LB 培养基中 37℃振荡过夜培养。

(2) 取 2 mL 培养液到 2 mL Eppendorf 管中，8 000 rpm 离心 2 min 后倒掉上清液。

(3) 加 140 μL TE 打散细菌，再加入 60 μL 10 mg/mL 的溶菌酶，37℃放置 10 min。

(4) 加入 400 μL Digestion Buffer，混匀。再加入 3 μL Protein K，混匀，55℃温育 5 min。

(5) 加入 260 μL 乙醇，混匀，全部转入 UNIQ－10 柱中。10 000 rpm 离心 1 min，倒去收集管内的液体。

(6) 加入 500 μL 70%乙醇(Wash Solution)，10 000 rpm 离心 0.5 min。

(7) 重复第六步。

(8) 再 10 000 rpm 离心 2 min 彻底甩干乙醇。吸附柱转移到一个新的 1.5 mL的离心管。

(9) 加入 50 μL 预热(60℃)的洗脱缓冲液，室温放置 3 min。12 000 rpm 离心 2 min，流下的液体即为基因组 DNA。

(10) 电泳。取 3 μL 溶液电泳检测质量。

2. PCR 扩增

(1) 根据已发表的 16S rDNA 序列设计保守的扩增引物：

16S (F)5′- AGAGTTTGATCCTGGCTCAG - 3′

16S (R)5′- GGTTACCTTGTTACGACTT - 3′

(2) PCR 扩增体系：

在 0.2 mL Eppendorf 管中加入 1 μL DNA，再加入以下反应混合液：

16S(F)	1 μL (10 μM)
16S(R)	1 μL (10 μM)
10×PCR Buffer	5 μL
dNTP	4 μL

Taq 酶　　　　　　　　　　　　　0.5 μL

加 ddH_2O 使反应体系调至 50 μL，简单离心混匀。

（3）PCR 反应

将 Eppendorf 管放入 PCR 仪，盖好盖子，调好扩增条件。扩增条件为：

94℃	3 min	
94℃	30 sec	35 cycles
50℃	45 sec	
72℃	100 sec	
72℃	7 min	

（4）PCR 产物的电泳检测

拿出 Eppendorf 管，从中取出 5 μL 反应产物，加入 1 μL 上样缓冲液，混匀。点入预先制备好的 1%的琼脂糖凝胶中。电泳 1 hr。在紫外灯下检测扩增结果。

3. 扩增片段的回收

根据上步实验结果，如果扩增产物为唯一条带，可直接回收产物。否则从琼脂糖凝胶中切割核酸条带，并回收目的片段。

（1）称量 2 mL 的 Eppendorf 管质量，记录。

（2）在紫外灯下切割含目的条带的凝胶，放入 2 mL 的 Eppendorf 管内，称量。计算凝胶质量。

（3）每 100 mg 凝胶加入 100 μL Binding Buffer，混匀。60℃温育至凝胶融化。

（4）全部转入 UNIQ－10 柱中。10 000 rpm 离心 1 min，倒去收集管内的液体。

（5）加入 500 μL Binding Buffer，10 000 rpm 离心 1 min，倒去收集管内的液体。

（6）加入 70%乙醇（Wash Solution），10 000 rpm 离心 0.5 min。

（7）再 10 000 rpm 离心 2 min 彻底甩干乙醇。吸附柱转移到一个新的 1.5 mL的离心管。

（8）加入 30 μL 预热的洗脱缓冲液，室温放置 3 min。12 000 rpm 离心 2 min，流下的液体即为回收的 DNA 片段。

4. DNA 片段测序

将回收的片段送至生物公司测序，测序引物为 16S PCR 引物。

五、实验结果及分析

根据测序结果，到 NCBI 上进行比对，确定该未知菌的种属。

（www.ncbi.nlm.nih.gov）

附:测序结果 NCBI 上比对过程及方法

1. 访问网址 http://www. ncbi. nlm. nih. gov/,进入以下界面:

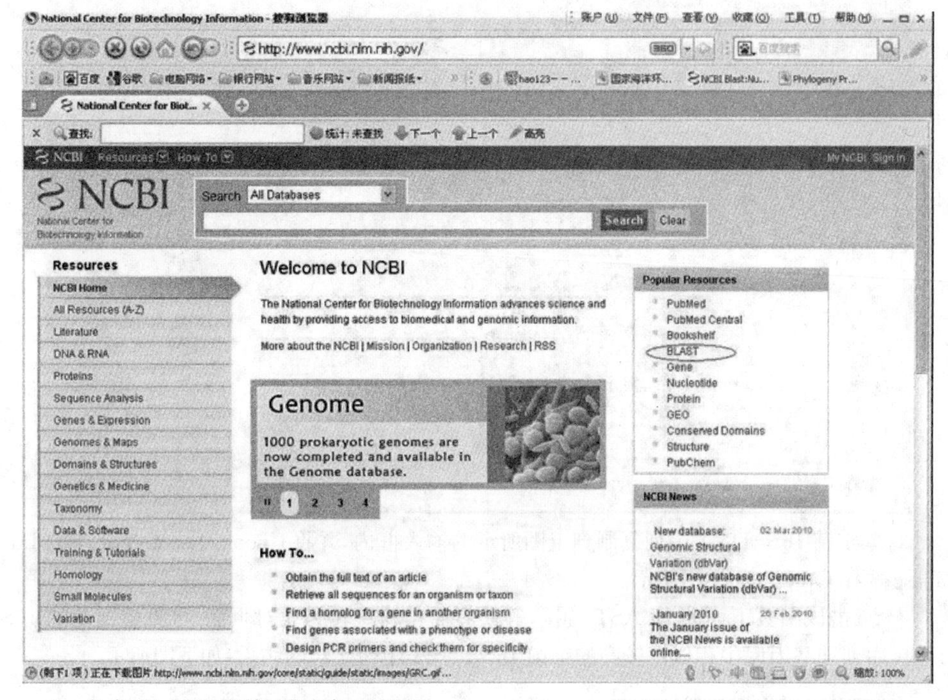

2. 点击 BLAST 链接,进入如下界面:

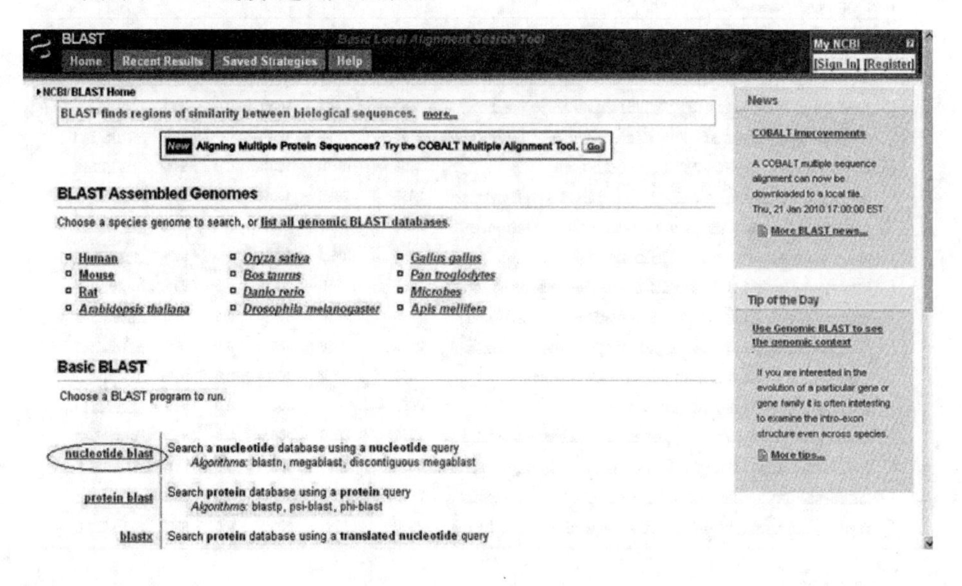

3. 点击 nucleotide blast 链接，进入如下界面：

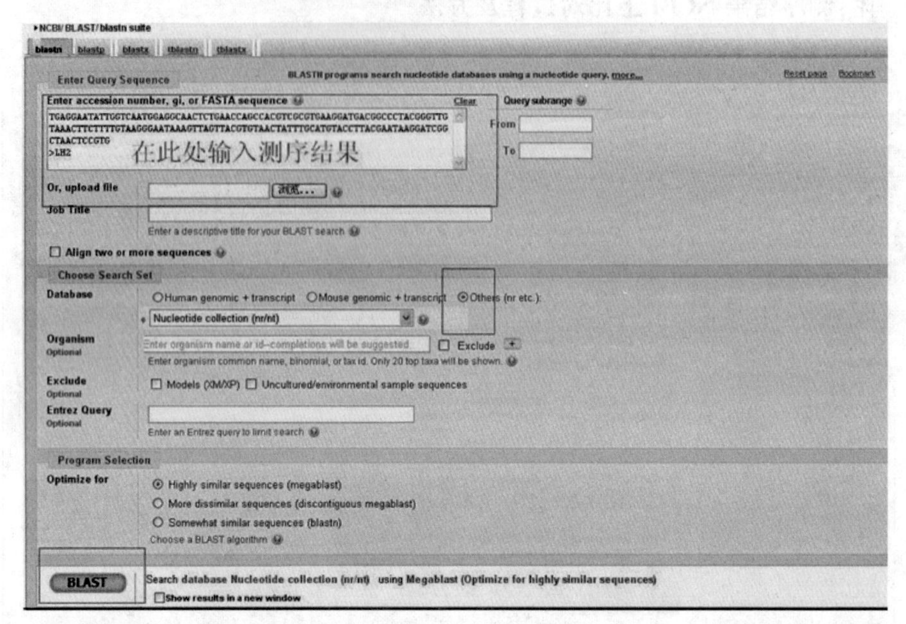

将鉴定菌 16S rDNA 序列复制到上图所示的输入框内，并将 Choose Search Set 中的 Database 选择 Others，如上图所示。

4. 点击该网页下面的 BLAST 链接，等候界面自动跳转为比对页面，可见鉴定菌的 16S rDNA 序列和基因库中相似性较高的细菌 16S rDNA 序列比对的结果，如下图所示。

Sequences producing significant alignments:

Select: All None Selected:0

Alignments Download GenBank Graphics Distance tree of results

Description	Max score	Total score	Query cover	E value	Ident	Accession
Enterococcus faecalis strain CTC328 16S ribosomal RNA gene, partial se	2663	2663	100%	0.0	99%	FJ804073.1
Uncultured organism clone ELU0156-T284-S-NIPCRAMgANa_000252 sr	2658	2658	100%	0.0	99%	HQ805734.1
Enterococcus faecalis ATCC 29212, complete genome	2656	10604	100%	0.0	99%	CP008816.1
Enterococcus faecalis strain B2.1C 16S ribosomal RNA gene, partial seq	2656	2656	100%	0.0	99%	KJ725207.1
Enterococcus sp. BAB-3539 16S ribosomal RNA gene, partial sequence	2656	2656	100%	0.0	99%	KJ210577.1
Enterococcus faecalis DENG1, complete genome	2656	10622	100%	0.0	99%	CP004081.1
Enterococcus faecalis gene for 16S ribosomal RNA, partial sequence, str	2656	2656	100%	0.0	99%	AB898340.1
Enterococcus faecalis gene for 16S ribosomal RNA, partial sequence, str	2656	2656	100%	0.0	99%	AB898338.1
Enterococcus faecalis gene for 16S ribosomal RNA, partial sequence, str	2656	2656	100%	0.0	99%	AB898329.1
Enterococcus faecalis str. Symbioflor 1, complete genome	2656	10604	100%	0.0	99%	HF558530.1
Enterococcus faecalis D32, complete genome	2656	10582	100%	0.0	99%	CP003726.1
Enterococcus faecalis gene for 16S rRNA, partial sequence, strain: NP-1C	2656	2656	100%	0.0	99%	AB712374.1
Enterococcus faecalis strain LRC31 16S ribosomal RNA gene, partial se	2656	2656	100%	0.0	99%	JF772057.1
Uncultured bacterium clone b1_20 16S ribosomal RNA gene, partial sequ	2656	2656	100%	0.0	99%	JN236306.1
Enterococcus faecalis strain M361 16S ribosomal RNA gene, partial sequ	2656	2656	100%	0.0	99%	JQ340031.1

实验十七　微生物菌种保藏

一、目的要求

了解并掌握菌种保藏的常用方法及其优缺点。

二、实验原理

微生物具有容易变异的特性，因此，在保藏过程中，必须使微生物的代谢处于最不活跃或相对静止的状态，才能在一定的时间内使其不发生变异而又保持生活能力。

低温、干燥和隔绝空气是使微生物代谢能力降低的重要因素，所以，菌种保藏方法虽多，但都是根据这三个因素而设计的。

三、实验材料

细菌，酵母菌，放线菌，霉菌斜面菌；

牛肉膏蛋白胨培养基斜面（培养细菌），麦芽汁培养基斜面（培养酵母菌），高氏1号培养基斜面（培养放线菌），马铃薯蔗糖培养基斜面（培养丝状真菌）；

无菌水，液体石蜡，P_2O_5，脱脂奶粉，10%HCl，干冰，95%乙醇，食盐，河沙，瘦黄土（有机物含量少的黄土）；

无菌试管、无菌吸管（1 mL及5 mL）、无菌滴管、接种环、40目及100目筛子、干燥器、安瓿管、冰箱、冷冻真空干燥装置、酒精喷灯、三角烧瓶（250 mL）。

四、操作步骤

（一）斜面传代保藏法

1. 贴标签

取各种无菌斜面试管数支，将注有菌株名称和接种日期的标签贴上，贴在试管斜面的正上方，距试管口2～3 cm处。

2. 斜面接种

将待保藏的菌种用接种环以无菌操作法移接至相应的试管斜面上，细菌和酵母菌宜采用对数生长期的细胞，而放线菌和丝状真菌宜采用成熟的孢子。

3. 培养

细菌 37℃恒温培养 18～24 h，酵母菌于 28℃～30℃培养 36～60 h，放线菌和丝状真菌置于 28℃培养 4～7 d。

4. 保藏

斜面长好后，可直接放入 4℃冰箱保藏。为防止棉塞受潮长杂菌，管口棉花应用牛皮纸包扎，或换上无菌胶塞，亦可用熔化的固体石蜡熔封棉塞或胶塞。

保藏时间依微生物种类而不同，酵母菌、霉菌、放线菌及有芽孢的细菌可保存 2～6 个月，移种一次；而不产芽孢的细菌最好每月移种一次。此法的缺点是容易变异，污染杂菌的机会较多。

（二）液体石蜡保藏法

1. 液体石蜡灭菌

在 250 mL 三角烧瓶中装入 100 mL 液体石蜡，塞上棉塞，并用牛皮纸包扎，121℃湿热灭菌 30 min，然后于 40℃温箱中放置 14 d（或置于 105℃～110℃烘箱中 1 h），以除去石蜡中的水分，备用。

2. 接种培养

同斜面传代保藏法。

3. 加液体石蜡

用无菌滴管吸取液体石蜡以无菌操作加到已长好的菌种斜面上，加入量以高出斜面顶端约 1 cm 为宜。

4. 保藏

棉塞外包牛皮纸，将试管直立放置于 4℃冰箱中保存。

利用这种保藏方法，霉菌、放线菌、有芽孢细菌可保藏 2 年左右，酵母菌可保藏 1～2 年，一般无芽孢细菌也可保藏 1 年左右。

5. 恢复培养

用接种环从液体石蜡下挑取少量菌种，在试管壁上轻靠几下，尽量使油滴净，再接种于新鲜培养基中培养。由于菌体表面粘有液体石蜡，生长较慢且有粘性，故一般须转接 2 次才能获得良好菌种。

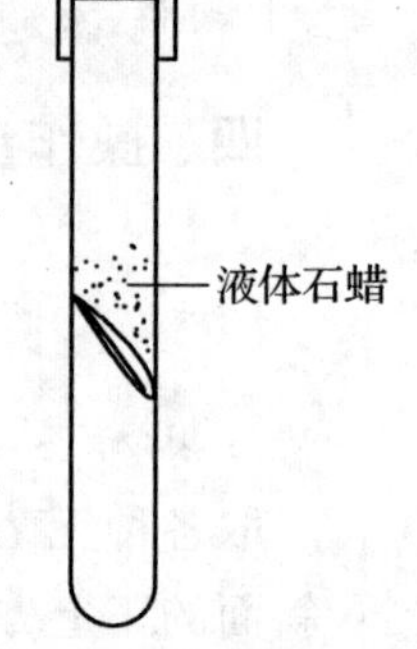

图17－1 液体石蜡覆盖保藏

（三）沙土管保藏法

1. 沙土处理

(1) 沙处理：取河沙经 40 目过筛，去除大颗粒，加 10% HCl 浸泡(用量以浸没沙面为宜) 2～4 h(或煮沸 30 min)，以除去有机杂质，然后倒去盐酸，用清水冲洗至中性，烘干或晒干，备用。

(2) 土处理：取非耕作层瘦黄土(不含有机质)，加自来水浸泡洗涤数次，直至中性，然后烘干，粉碎，用 100 目过筛，去除粗颗粒后备用。

2. 装沙土管

将沙与土按 2∶1、3∶1 或 4∶1(W/W)比例混合均匀装入试管中(10 mm×100 mm,装置约 7 cm 高，加棉塞，并外包牛皮纸，121℃湿热灭菌 30 min，然后烘干。

3. 无菌试验

每 10 支沙土管任抽一支，取少许沙土接入牛肉膏蛋白胨或麦芽汁培养液中，在最适的温度下培养 2～4 d，确定无菌生长时才可使用。若发现有杂菌，经重新灭菌后，再作无菌试验，直到合格。

4. 制备菌液

用 5 mL 无菌吸管分别吸取 3 mL 无菌水至待保藏的菌种斜面上，用接种环轻轻搅动，制成悬液。

5. 加样

用 1 mL 吸管吸取上述菌悬液 0.1～0.5 mL 加入沙土管中，用接种环拌匀。加入菌液量以湿润沙土达 2/3 高度为宜。

6. 干燥

将含菌的沙土管放入干燥器中，干燥器内用培养皿盛 P_2O_5 作为干燥剂，可再用真空泵连续抽气 3～4 h，加速干燥。将沙土管轻轻一拍，沙土呈分散状即达到充分干燥。

7. 保藏

沙土管可选择下列方法之一来保藏：

(1) 保存于干燥器中；

(2) 用石蜡封住棉花塞后放入冰箱保存；

(3) 将沙土管取出，管口用火焰熔封后放入冰箱保存；

(4) 将沙土管装入有 $CaCl_2$ 等干燥剂的大试管中，塞上橡皮塞或木塞，再用蜡封口，放入冰箱中或室温下保存。

8. 恢复培养

使用时挑取少量混有孢子的沙土，接种于斜面培养基上，或液体培养基内培养即可，原沙土管仍可继续保藏。

此法适用于保藏能产生芽孢的细菌及形成孢子的霉菌和放线菌，可保存2年左右。但不能用于保藏营养细胞。

（四）冷冻干燥保藏法

1. 准备安瓿管

选用内径5 mm，长10.5 cm的硬质玻璃试管，用10%HCl浸泡8～10 h后用自来水冲洗多次，最后用去离子水洗1～2次，烘干，将印有菌名和接种日期的标签放入安瓿管内，有字的一面朝向管壁。如图17-2，管口加棉塞，121℃灭菌30 min。

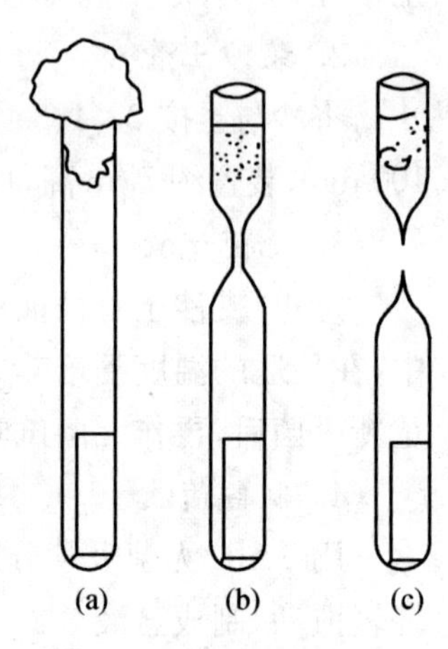

图17-2　滤纸保藏法的安瓿管熔封

2. 制备脱脂牛奶

将脱脂奶粉配成20%乳液，然后分装，121℃灭菌30 min，并作无菌试验。

3. 准备菌种

选用无污染的纯菌种，培养时间，一般细菌为24 h～48 h，酵母菌为3 d，放线菌与丝状真菌7～10 d。

4. 制备菌液及分装

吸取3 mL无菌牛奶直接加入斜面菌种管中，用接种环轻轻搅动菌落，再用手摇动试管，制成均匀的细胞或孢子悬液。用无菌长滴管将菌液分装于安瓿管底部，每管装0.2 mL。

5. 预冻

将安瓿管外的棉花剪去并将棉塞向里推至离管口约15 mm处，再通过乳胶管把安瓿管连接于总管的侧管上，总管则通过厚壁橡皮管及三通短管与真空表及干燥瓶、真空泵相连接（图17-3），并将所有安瓿管浸入装有干冰和95%乙醇的预冷槽中，（此时槽内温度可达－40℃～－50℃），只需冷冻1 h左右，即可使悬液冻结成固体。

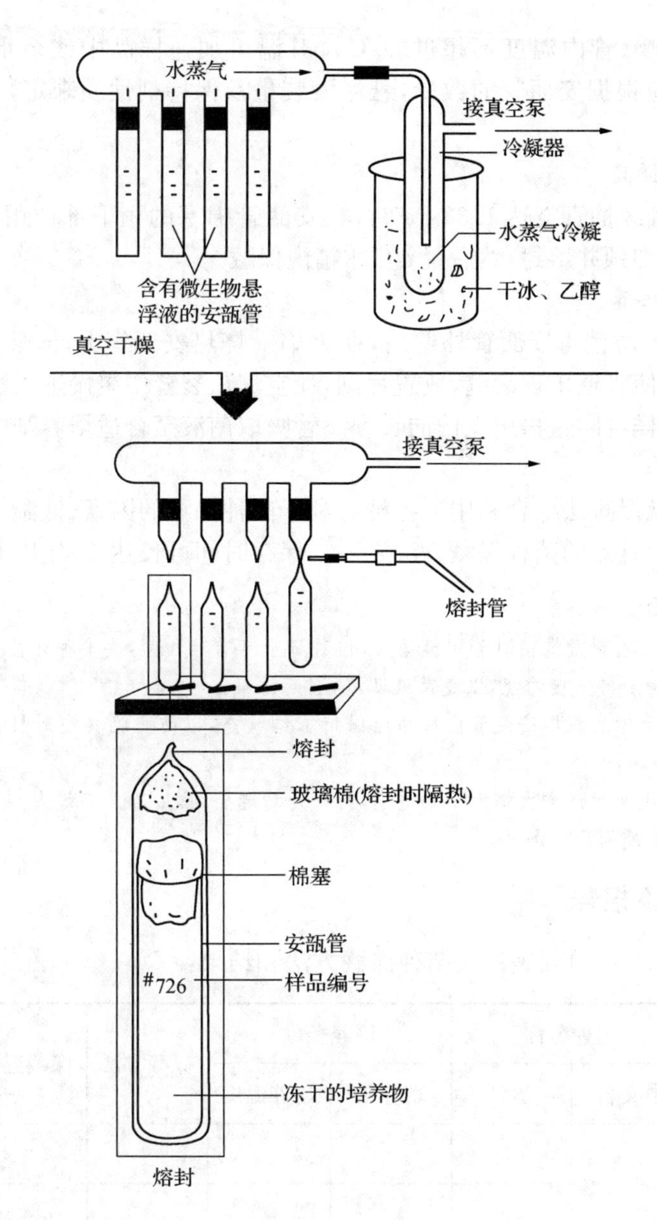

图 17－3　冷冻真空干燥法简易装置

6. 真空干燥

完成预冻后，升高总管使安瓿管仅底部与冰面接触，(此处温度约－10℃)，以保持安韶管内的悬液仍呈固体状态。开启真空泵后，应在 5～15 min 内使真空度达 66.7Pa 以下，使被冻结的悬液开始升华，当真空度达到 26.7～13.3 Pa 时，冻结样品逐渐被干燥成白色片状，此时使安瓿管脱离冰浴，在室温下(25℃～

30℃)继续干燥(管内温度不超过 30℃),升温可加速样品中残余水分的蒸发。总干燥时间应根据安瓿管的数量,悬浮液装量及保持剂性质来定,一般 3～4 h 即可。

7. 封口样品

干燥后继续抽真空达 1.33 Pa 时,在安瓿管棉塞的稍下部位用酒精喷灯火焰灼烧,拉成细颈并熔封,然后置 4℃冰箱内保藏。

8. 恢复培养

用 75%乙醇消毒安瓿管外壁后,在火焰上烧热安瓿管上部,然后将无菌水滴在烧热处,使管壁出现裂缝,放置片刻,让空气从裂缝中缓慢进入管内后,将裂口端敲断,这样可防止再用无菌的长颈滴管吸取菌液至合适培养基中,放置在最适温度下培养。

冷冻干燥保藏法综合利用了各种有利于菌种保藏的因素(低温、干燥和缺氧等),是目前最有效的菌种保藏方法之一。保存时间可长达 10 年以上。

注意事项

1. 从液体石蜡封藏的菌种管中挑菌后,接种环上带有油和菌,故接种环在火焰上灭菌时要先在火焰边烤干再直接灼烧,以免菌液四溅,引起污染;

2. 在真空干燥过程中安瓿管内样品应保持冻结状态,以防止抽真空时样品产生泡沫而外溢;

3. 熔封安瓿管时注意火焰大小要适中,封口处灼烧要均匀,若火焰过大,封品处易弯斜,冷却后易出现裂缝而造成漏气。

五、实验报告

(1) 按以下项目列表记录菌种保藏方法和结果:

接种日期	菌种名称		培养条件		保藏方法	保藏温度	操作要点
	中文名	学名	培养基	培养温度			

(2) 试述各种菌种保藏方法的优、缺点。

1. 菌种保藏中，石蜡油的作用是什么？
2. 经常使用的细菌菌株，使用那种保藏方法比较好？
3. 沙土管法适合保藏那一类微生物？

第二部分　综合性实验

实验十八　紫外线对枯草芽孢杆菌产生淀粉酶的诱变效应

一、目的要求

观察紫外线对枯草芽孢杆菌产生淀粉酶的诱变效应，学习掌握物理诱变育种的方法。

二、实验原理

紫外线是一种常见的物理诱变因素。

紫外线引起 DNA 结构变化的形式很多，如 DNA 链的断裂，碱基破坏。但最主要的是使 DNA 双链之间或同一条链上两个相邻的胸腺嘧啶形成二聚体，阻碍双链的分开、复制和碱基的正常配对，从而引起突变。

紫外线引起的 DNA 损伤，可由光复活酶的作用进行恢复，使胸腺嘧啶二聚体解开恢复原状。

因此为了避免光复活，用紫外线照射处理时以及处理后的操作应在红光下进行，并且将照射处理后的微生物放在暗处培养。

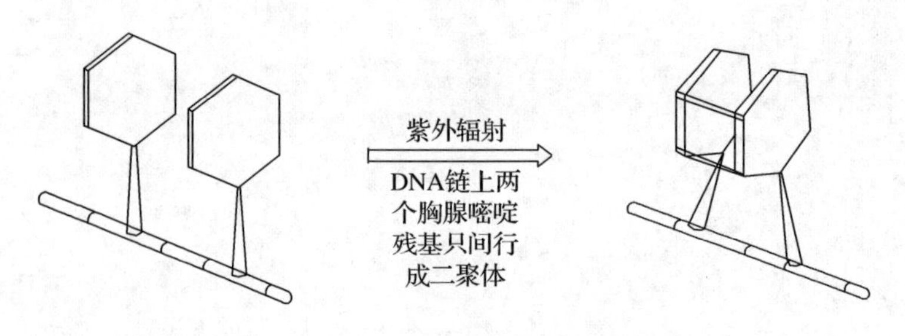

图 18－1　紫外线诱变原理

三、材料用品

枯草杆菌，淀粉培养基平板，碘液，生理盐水，无菌水，无菌吸管，磁力搅拌器，离心机，灭菌的空培养皿，涂布棒。

四、实验内容

1. 平板制作

将淀粉琼脂培养基熔化倒平板，凝固后待用。

2. 菌悬液的制备

取已培养 20 h 的活化枯草杆菌斜面一支，用 10 mL 生理盐水将菌苔洗下，并倒入盛有玻璃珠的锥形瓶中，强烈振荡 10 min，以打碎菌块，离心(3 000 r/min)15 min，弃上清液，将菌体用无菌生理盐水洗涤 2 次，最后制成菌悬液，用血球计数板在显微镜下直接计数，调整细胞浓度为 108 mL。

3. 诱变处理

(1) 预热

正式照射前开启紫外灯预热 20 min。

(2) 搅拌

取制备好的菌悬液 4 mL 移入已放入无菌磁力搅拌棒或无菌大头针的无菌培养皿中，置磁力搅拌器上，20 W 紫外灯下 30 cm 处。

(3) 照射

打开皿盖边搅拌边照射，剂量分别为 0 min、1 min、2 min、3 min。盖上皿盖，关闭紫外灯。

注意事项

照射计时从开盖起，加盖止。先开磁力搅拌器开关，再开盖照射，使菌悬液中的细胞接受照射均等。

4. 稀释涂平板

用 10 倍稀释法把经过照射(0 min、1 min、2 min、3 min)的菌悬液在无菌水中稀释成 10^{-2}、10^{-4}、10^{-5}、10^{-7}。

取 10^{-5}、10^{-6}、10^{-7} 三个稀释度涂平板，每个稀释度涂 3 套，每套平板加稀释液 0.1 mL，用无菌的玻璃涂棒均匀地涂满整个平板表面。

各培养皿用黑布包好，置 37℃培养 48 h。

注意事项

从紫外线照射处理开始，直到涂布完平板的几个步骤都应在红灯下进行。

5. 计算存活率和致死率

将培养 48 h 后的平板取出进行细胞计数，计算出对照(0 min)、紫外线处理 1 min、2 min、3 min 后每毫升 CFU 数计算各处理剂量存活率和致死率。

$$存活率(\%)=\frac{处理后每毫升\ CFU\ 数}{对照每毫升\ CFU}\times 100$$

$$致死率=\frac{对照每毫升\ CFU-处理后每毫升\ CFU\ 数}{对照每毫升\ CFU\ 数}\times 100$$

6. 观察诱变效应

分别向菌落数在 5～6 个左右的平板内加碘液数滴，在菌落周围将出现透明圈，分别测量透明圈直径与菌落直径，并计算透明圈直径与菌落直径的比值(HC)，与对照平板进行比较，根据结果说明紫外线对枯草杆菌产生淀粉酶的诱变效果。选取 HC 比值大的菌落移接到新鲜牛肉膏蛋白胨斜面上培养，此斜面可作复筛用。

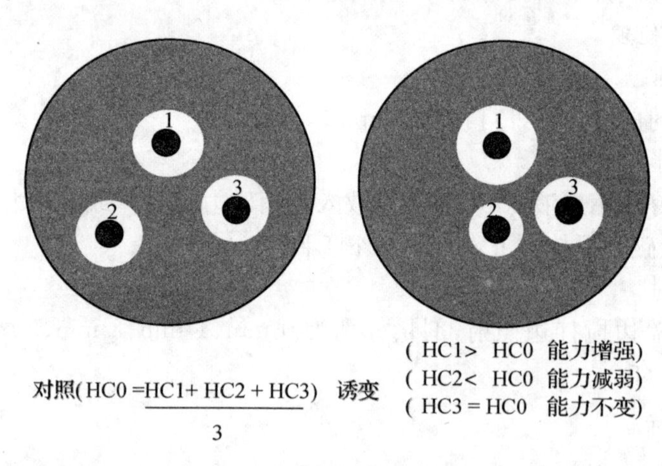

图 18-2 诱变效应的观察

五、实验报告

(1) 将存活率和致死率的数据填入下表。

处理时间(min)	菌浓度(CFU/mL)	存活率	致死率
0(对照)			
1			
2			
3			

（2）将诱变效应的数据填入下表。

菌落	透明圈直径(cm)	菌落直径(cm)	HC 值	与对照 HC 值比较
对照 1				平均 HC 值为：
对照 2				
对照 3				
诱变后 1				
诱变后 2				
诱变后 3				
诱变后 4				
诱变后 5				

思考题

1. 为什么淀粉琼脂平板内加碘液数滴，枯草芽孢杆菌菌落周围会出现透明圈？

2. 为什么从紫外线照射处理开始，直到涂布完平板的几个步骤都应在红灯下进行，而紫外诱变后各培养皿用黑布包好后再培养？

实验十九　产淀粉酶菌株的筛选与鉴定

一、目的要求

(1) 了解淀粉酶产生菌的筛选方法；
(2) 了解菌种分离纯化的方法；
(3) 了解菌种鉴定的常规方法和程序。

二、基本原理

曲利苯蓝对淀粉等大分子有很强的亲和能力，因而含有淀粉的鉴定培养基呈蓝色。

如果平板上生长的菌能分泌胞外淀粉酶，菌落周围的淀粉大分子水解为小分子物质，而曲利苯蓝分子与小分子物质结合能力弱，因此菌落周围的曲利苯蓝被较远的淀粉大分子吸走了，结果导致菌落周围出现透明圈。

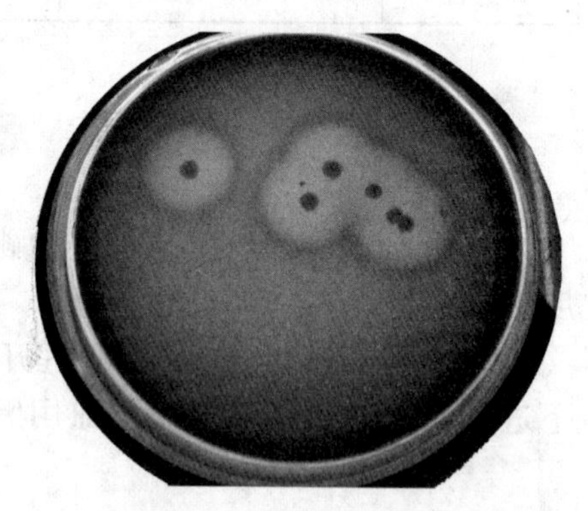

图 19-1　曲利苯蓝与淀粉鉴定培养基

操作简便，便于观察，灵敏度高，同时避免了碘液染色法对菌落生物毒害作用。

三、实验材料

1. 样品

食堂泥土、小吃街泔水沟泥土、面粉作坊附近的土壤。

2. 筛选培养基

蛋白胨 1%，牛肉膏 0.3%，NaCl 0.5%，可溶性淀粉 2%，琼脂 2%，曲利酚蓝 0.005% (pH 7.0)(1 000 mL 培养基中加入 2 mL 的0.025 g/mL 曲利酚蓝溶液)。

3. 种子培养基

蛋白胨 1%，牛肉膏0.3%，NaCl 0.5%，可溶性淀粉0.2%，pH 7.0。

发酵培养基：同种子培养基。

四、实验内容

1. 稀释样品

取 10 g 土样于带有玻璃珠的 90 mL 无菌水中振荡混匀后，制成 10^{-1}稀释液，再稀释成 10^{-2}、10^{-3}、10^{-4}、10^{-5}、10^{-6}(4.5 mL 无菌水)

2. 菌种分离、纯化

将 10^{-2}、10^{-3}、10^{-4}、10^{-5}、10^{-6}的稀释液分别取 100 μL 涂布均匀于筛选平板上，置于 30℃培养箱中培养 24～48 h。

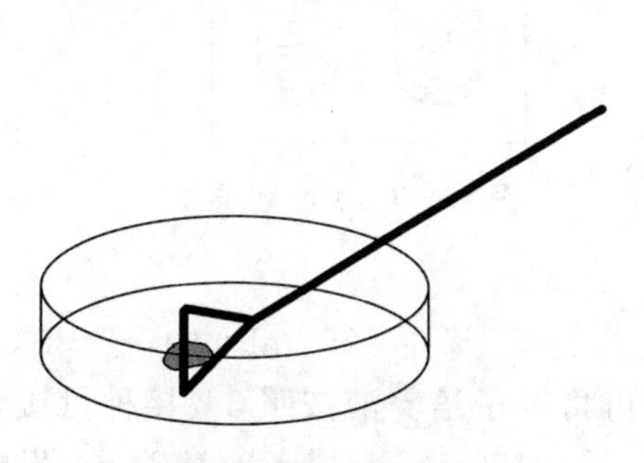

图 19－2　涂布方法

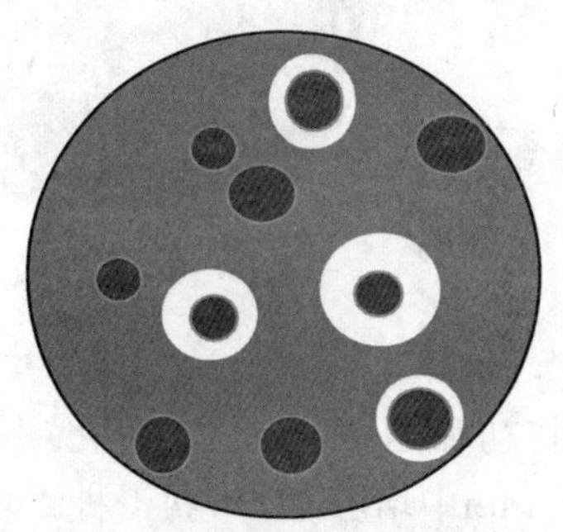

图 19－3　平板上的产淀粉酶菌落

观察筛选平板长出的菌落周围有无透明水解圈，取水解圈较大 3～5 株，于筛选平板划线分离，30℃培养箱中培养 24～48 h。

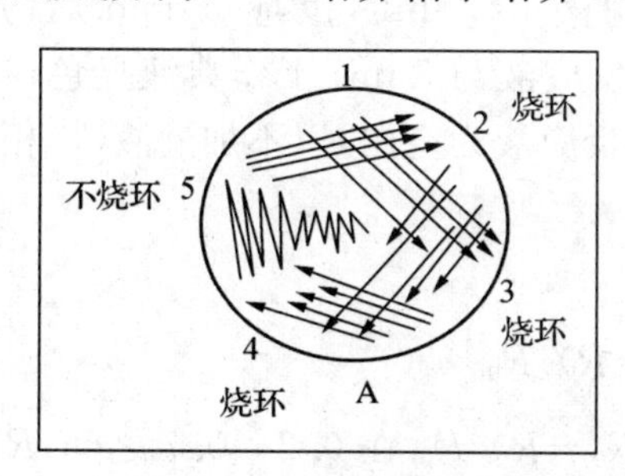

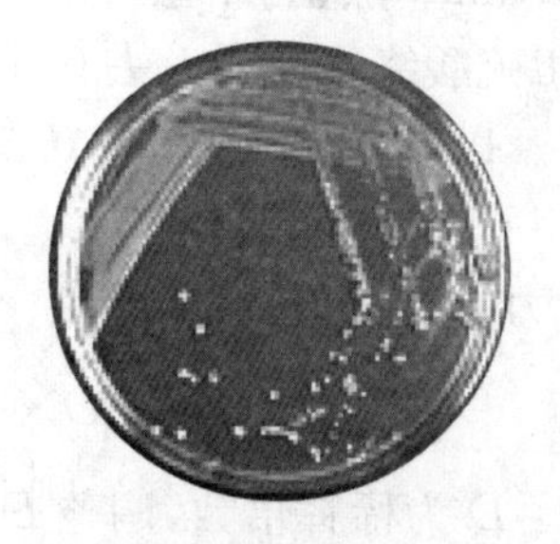

图 19－4　平板划线分离方法 1(左)和划线培养效果(右)

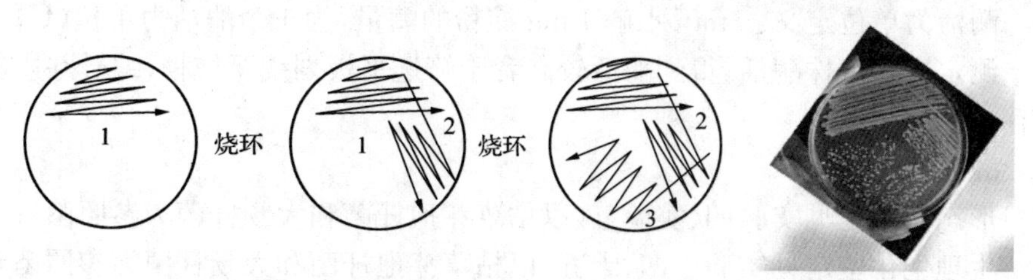

图 19－5　平板划线分离方法 2(左)和划线培养效果(右)

3. 初筛

取单菌落点种筛选平板 3 处，30℃培养箱中培养 24～48 h，测量各平板菌落透明圈直径(D)与菌落直径(d)的比值(HC)并平均，比较各菌 HC 平均值，取最大 HC 平均值者，斜面划线保存。

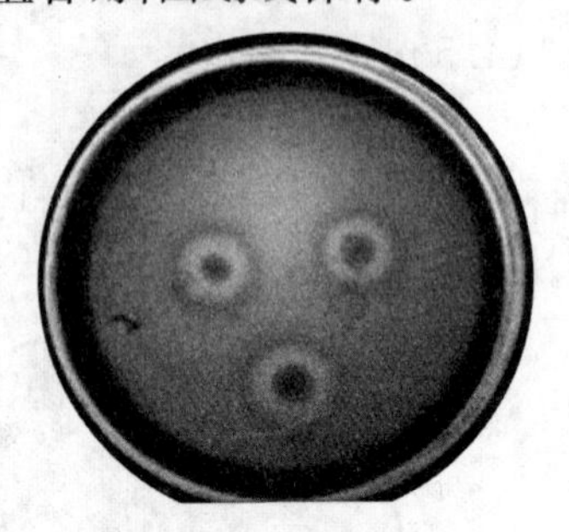

图 19 - 6　点种效果

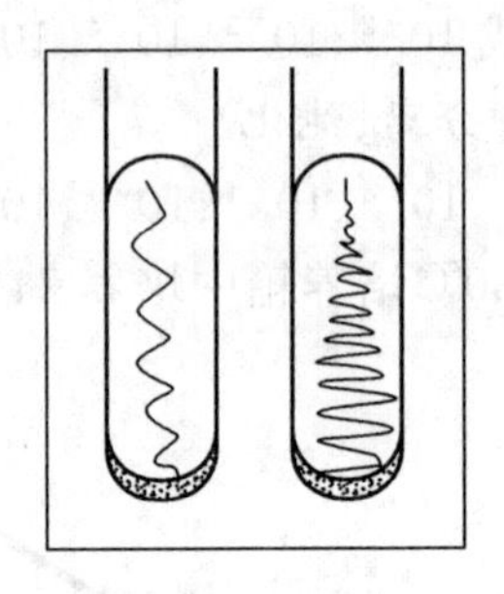

图 19 - 7　斜面划线

4. 复筛

将初筛的菌种进行活化，接种于发酵培养基中(25 mL)中，于 30℃，180 r/min中培养 18 h，获得种子培养液。再将种子培养液按照 5%接种量接种于含 25 mL 发酵培养基中，三角瓶再进行 30℃，180 r/min 摇床培养 24 h。发酵液于 4℃，5 000 r/min 离心 10 min，取上清液作为粗酶液，0℃～4℃保存；

依据改良 Young J. Yoo 法：取 5 mL 0.5%的可溶性淀粉溶液，在 40℃水浴中预热 10 min，然后加适当稀释的酶液 0.5 mL，反应 5 min 后，用 5 mL 0.1 mol/L硫酸终止反应。去 0.5 mL 反应液与 5 mL 工作典液显色，在 620 处测光密度。以 0.5 mL 水代替 0.5 mL 反应液为空白，以不加酶液(加相同的水)为对照。

酶活力的计算公式：

$$D \times (R_0 - R)/R_0 \times 50 \quad (19-1)$$

式中：D 为稀释倍数，调整 D 使$(R_0 - R)/R_0$ 在 0.2～0.7 之间；R_0 为底物加碘液的光吸收值；R 为反应液加碘液的光吸收值。

酶活力单位定义：5 min 水解 1 mg 淀粉的酶量，为 1 个酶活力单位(U)。

测定这些菌株酶活，得到酶活较高者于筛选平板划线至纯种，编号并用斜面保存。

5. 菌种鉴定

形态学鉴定见实验四、实验五(以枯草芽孢杆菌和大肠杆菌为参照菌)；

生理生化鉴定见实验十四、十五(以枯草芽孢杆菌和大肠杆菌为参照菌)；

分子鉴定见实验十六。

五、实验报告

(1) 从土壤中分离纯化到 N 株菌,分别编号为 Z1,L2,W3,S4(附图)。

(2) Z1,L2,W3,S4 初筛结果附图并填表。

菌株号	D/cm	d/cm	HC(D/d)	HC 平均值
Z1				
L2				
W3				
S4				

(3) 复筛结果。

	OD 值				酶活(U/mL)
	1	2	3	平均	
对照					
Z1					
L2					
W3					

(4) 选定菌的革兰氏染色结果描述并附图。

(5) 选定菌的生理生化结果。

项目	大肠杆菌		枯草杆菌		选定菌种	
	现象	结论	现象	结论	现象	结论
糖发酵试验						
柠檬酸试验						
甲基红试验						
V-P 试验						
吲哚试验						

(6) 分离菌的 16S rDNA 序列为：________________________________。

往培养基里加曲利苯蓝和培养后滴加碘液来筛选产淀粉酶菌株的方法相比较有何优缺点？

实验二十　产淀粉酶菌株的筛选及发酵条件的优化

一、目的要求

(1) 了解淀粉酶产生菌的筛选方法；

(2) 学习淀粉酶活力测定的原理和方法；

(3) 掌握发酵工艺条件或参数的多因素实验设计和操作方法。

二、基本原理

发酵过程涉及到数个工艺参数，每个参数有多个水平，每个因素之间还存在交互作用。采用正交试验设计方法进行多因素、多水平的试验，可以大大减少实验，并确定各因素之间的交互作用。实验次数可以减少为：水平数的平方次。

在多因素试验中，随着实验因素的增多，处理数据呈几何级数增长。例如，2个因素各取3个水平的试验(简称 3^2 试验)，有 $3^2=9$ 个处理，3因素各取3个水平的试验(简称 3^3 验)，有 $3^3=27$ 个处理，4因素各取3个水平的试验(简称 3^4 验)，有 $3^4=81$ 个处理……处理数太多，试验规模变大，会给试验带来许多困难。采用正交试验设计，可以大大减少试验次数。

正交试验设计是利用一套规格化的表格——正交表来安排试验，适用于多因素、多水平、试验误差大、周期长等的试验，是效率较高的一种试验设计方法。

三、实验材料

1. 样品

食堂泥土，小吃街泔水沟泥土，面粉作坊附近的土壤。

2. 药品

(1) 原碘液

称取碘化钾22.0 g溶于约300 mL水中，加入碘11.0 g在搅拌下使其溶解，蒸馏水定容至500 mL，贮于棕色瓶中备用(每月制备一次)。

(2) 稀碘液

称取碘化钾20.0 g溶于约300 mL水中，准确加入原碘液2.00 mL，然后用蒸馏水定容至500 mL，贮于棕色瓶中备用(每天制备一次)。

(3) 2%可溶性淀粉溶液

称取可溶性淀粉(以绝干计) 2.000 g,精确至 0.001 g,用少量蒸馏水调成浆状物,在搅动下缓缓倾入 70 mL 沸水中。然后,以 30 mL 蒸馏水几次冲洗装淀粉的烧杯,洗液并入其中,加热煮沸 20 min 直至完全透明,冷却至室温,用蒸馏水定容至 100 mL。此溶液必须当天配制。

3. 培养基

(1) 筛选培养基(同实验十九)。

(2) 种子培养基

蛋白胨 10.0 g,牛肉膏 3.0 g,氯化钠 5.0 g,可溶性淀粉 2.0 g,蒸馏水 1 000 mL,pH7.0。

(3) 发酵培养基 1(淀粉 0,pH6.0,25 mL,橡皮塞)

蛋白胨 10.0 g,牛肉膏 3.0 g,氯化钠 5.0 g,蒸馏水 1 000 mL,pH6.0。

(4) 发酵培养基 2(淀粉 0,pH7.0,50 mL,棉塞)

蛋白胨 10.0 g,牛肉膏 3.0 g,氯化钠 5.0 g,蒸馏水 1 000 mL,pH7.0。

(5) 发酵培养基 3(淀粉 0,pH8.0,100 mL,纱布)

蛋白胨 10.0 g,牛肉膏 3.0 g,氯化钠 5.0 g,蒸馏水 1 000 mL,pH8.0。

(6) 发酵培养基 4(淀粉 0.2%,pH6.0,100 mL,棉塞)

蛋白胨 10.0 g,牛肉膏 3.0 g,氯化钠 5.0 g,可溶性淀粉 2.0 g,蒸馏水 1 000 mL,pH6.0。

(7) 发酵培养基 5(淀粉 0.2%,pH7.0,25 mL,纱布)

蛋白胨 10.0 g,牛肉膏 3.0 g,氯化钠 5.0 g,可溶性淀粉 2.0 g,蒸馏水 1 000 mL,pH7.0。

(8) 发酵培养基 6(淀粉 0.2%,pH8.0,50 mL,橡皮塞)

蛋白胨 10.0 g,牛肉膏 3.0 g,氯化钠 5.0 g,可溶性淀粉 2.0 g,蒸馏水 1 000 mL,pH8.0。

(9) 发酵培养基 7(淀粉 1%,pH6.0,50 mL,纱布)

蛋白胨 10.0 g,牛肉膏 3.0 g,氯化钠 5.0 g,可溶性淀粉 10.0 g,蒸馏水 1 000 mL,pH6.0。

(10) 发酵培养基 8(淀粉 1%,pH7.0,100 mL,橡皮塞)

蛋白胨 10.0 g,牛肉膏 3.0 g,氯化钠 5.0 g,可溶性淀粉 10.0 g,蒸馏水 1 000 mL,pH7.0。

(11) 发酵培养基 9(淀粉 1%,pH8.0,25 mL,棉塞)

蛋白胨 10.0 g,牛肉膏 3.0 g,氯化钠 5.0 g,可溶性淀粉 10.0 g,蒸馏水 1 000 mL,pH8.0。

四、实验内容

(1) 稀释样品、菌种分离、初筛、复筛同实验十九。

(2) 淀粉酶生产菌发酵条件的优化。

① 设计正交实验因素水平表。

② 设计 L9(3^4)正交试验因素设计与结果记载表。

③ 种子液制备:取各菌斜面菌种 1 支,以无菌操作挑取 1 环菌苔,接种于发酵培养基中(25 mL)中,于 30℃,180 r/min 中培养 18～24 h,获得种子培养液。

④ 发酵培养:取 3 mL 种子培养液接种于设计好的发酵培养基中,贴好标签,30℃,180 r/min摇床培养 24 h。

⑤ 粗酶液制备:将发酵液于 4℃,5 000 r/min 离心 10 min,取上清液以 pH6.0 缓冲液稀释至适当浓度,作为待测酶液,0℃～4℃保存。

⑥ 淀粉酶活力测定:参照改良 Young J. Yoo 法。

⑦ 进行直观分析得出最佳条件。

五、实验报告

(1) 从土壤中分离纯化到 N 株菌,分别编号为 Z1,L2,W3,S4(附图)。

(2) Z1,L2,W3,S4 初筛结果附图并填表。

菌株号	D/cm	d/cm	HC(D/d)	HC 平均值
Z1				
L2				
W3				

（续表）

菌株号	D/cm	d/cm	HC(D/d)	HC平均值
S4				

（3）复筛结果。

	OD值				酶活（U/mL）
	1	2	3	平均	
对照					
Z1					
L2					
W3					

（4）正交试验结果。

实验序号	淀粉浓度	pH	塞子类型	装瓶体积	酶活（U/mL）
1	1	1	1	1	
2	1	2	2	2	
3	1	3	3	3	
4	2	1	2	3	
5	2	2	3	1	
6	2	3	1	2	
7	3	1	3	2	
8	3	2	1	3	
9	3	3	2	1	
K1					
K2					
K3					
R					

（5）最佳发酵条件为：______________________________。

思考题

1. 往培养基里加曲利苯蓝和培养后滴加碘液来筛选产淀粉酶菌株的方法相比较有何优缺点？

2. 正交试验的结果一定正确吗？科学的做法应该是怎样的？

实验二十一　产碱性蛋白酶菌株的筛选

一、目的要求

(1) 学习用选择平板从自然界中分离胞外蛋白酶产生菌的方法；

(2) 了解蛋白酶活力测定的原理和方法；

(3) 学习并掌握细菌摇床液体发酵技术。

二、基本原理

碱性蛋白酶是一类最适宜作用 pH 为碱性的蛋白酶，在轻工、食品、医药工业中用途非常广泛。微生物来源的碱性蛋白酶都是胞外酶，具有产酶量高，适合大规模工业生产等优点，被认为是最重要的一类营业性酶类。

自能够产生胞外蛋白酶的菌株在牛奶平板上生长后，其菌落周围可形成明显的蛋白水解圈。

水解圈与菌落直径的比值常被作为判断该菌株蛋白酶产生能力的初筛依据。

不同类型的蛋白酶都能在牛奶平板上形成蛋白水解圈，细菌在平板上的生长条件和液体环境中生长的情况相差很大，因此在平板上产圈能力强的菌株不一定就是碱性蛋白酶的高产菌株。

碱性蛋白酶活力测定按中华人民共和国颁布的标准(QB747－80)进行。

原理：Folin 试剂与酚类化合物(Tyr，Trp，Phe)在碱性条件下发生反应形成蓝色化合物，用蛋白酶分解酪蛋白生成含酚基的氨基酸与 Folin 试剂呈蓝色反应，通过分光光度计测定可知酶活大小。

三、实验器材

1. 溶液和试剂

蛋白胨，酵母粉，脱脂奶粉，琼脂，干酪素，三氯醋酸，NaOH，Na_2CO_3，Folin 试剂，硼砂，酪氨酸，水等。

2. 仪器和用品

三角烧瓶，培养皿，吸管，试管，涂布棒，玻璃搅拌棒，水浴锅，分光光度计，培养摇床，高压灭菌锅，尺，玻璃小漏斗和滤纸。

四、操作步骤

1. 培养基和试剂的配制

(1) 牛奶平板：在普通肉汤蛋白胨固体培养基中添加终质量浓度为1.5%的牛奶。

(2) 发酵培养基：玉米粉 4%，黄豆饼粉 3%，Na_2HPO_4 0.4%，KH_2PO_4 0.03%，3 mol/L NaOH 调节 pH 到 9.0，0.1 MPa 灭菌 20 min，250 mL 三角烧瓶的装瓶量为 50 mL。

(3) pH11 硼砂- NaOH 缓冲液：硼砂 19.08 g 溶于 1 000 mL 水中；NaOH 4 g，溶于 1 000 mL 水中，二液等量混合。

(4) 2%酪蛋白：称取 2 g 干酪素，用少量 0.5 mol/L NaOH 润湿后适量加入 pH11 的硼砂- NaOH 缓冲液，加热溶解，定容至 100 mL，4℃冰箱中保存，使用期不超过一周。

2. 酶活标准曲线的制作

用酪氨酸配制 0 μg/mL～100 μg/mL 的标准溶液，取不同浓度的酪氨酸 1 mL与 5 mL 0.4 mol/L Na_2CO_3、1 mL Folin 试剂混合，40℃水浴显色 30 min，680 nm 测定吸收值并绘制标准曲线，求出观密度为 1 时相当的酪氨酸质量(μg)，及 K 值。

3. 用选择平板分离产蛋白酶产生菌株

取少量土样混于无菌水中，梯度稀释后涂布到牛奶平板上，37℃培养 30 h 左右观察。

4. 产蛋白酶菌株的观察与转接

对牛奶平板上的总菌数和产蛋白酶的菌数进行记录，选择蛋白水解圈最大的 4 个菌株进行测量和记录菌落和透明圈得直径，然后转接到肉汤琼脂斜面上，37℃培养过夜。

5. 用发酵培养基测定蛋白酶菌株的碱性蛋白酶活力

用初筛获得的 3 株蛋白酶菌株接种到发酵培养基中，37℃、200 r/min 摇床培养 48 h。

6. 酶活力的测定

表 21-1　蛋白酶活力测定程序

空白对照	样品
发酵液(或其稀释液)1 mL	发酵液(或其稀释液)1 mL
0.4 mol/L 三氯醋酸 3 mL	2%酪蛋白 1 mL

（续表）

空白对照	样品
2%酪蛋白 1 mL	40℃水浴保温 10 min
	0.4 mol/L 三氯醋酸 3 mL
静置 15 min，使蛋白质完全沉淀，然后用滤纸过滤，滤纸应清亮，无絮状物	
滤液 1 mL	
0.4 mol/L Na_2CO_3，5 mL	
Folin 试剂 1 mL	
40℃水浴保温 20 min，于 680 nm 处测定 OD 值	

碱性蛋白酶活力单位 U，以每毫升样品在 40℃，pH11 条件下，每分钟水解酪蛋白所产生的酪氨酸质量（μg）来表示。

$$U = K \times A \times N \times 5/10$$

式中：K 为由标准曲线求出光密度为 1 是相当的酪氨酸质量，本实验 $K=200$；N 为稀释倍数；A 为样品 OD 值与空白对照 OD 值之差；5/10 为测定中吸取的滤液是全部滤液的 1/5，而酶反应时间为 10 min。

五、实验报告

（1）从土壤中分离纯化到 N 株菌，分别编号为 Z1，L2，W3，S4（附图）。

（2）Z1，L2，W3，S4 初筛结果附图并填表。

菌株号	D/cm	d/cm	HC（D/d）	HC 平均值
1				
2				
3				

（续表）

菌株号	D/cm	d/cm	HC（D/d）	HC 平均值
4				

（3）复筛结果。

	OD 值				酶活（U/mL）
	1	2	3	平均	
对照					
1					
2					
3					

思考题

1. 在选择平板上分离获得蛋白酶产生菌的比例如何？试结合采样地点进行分析。

2. 在选择平板上形成蛋白透明水解圈大小为什么不能作为判断菌株产蛋白酶能力的直接证据？试结合你初筛和复筛的结果分析。

实验二十二　链霉素抗性突变菌的分离筛选

一、目的要求

了解并熟悉抗药性突变株的筛选原理和方法。

二、实验原理

经诱变处理后的微生物群体中，虽然突变的数目大大增加，但所占的比例仍然是整个群体中的极少数。为了快速、准确地得到所需的突变体，必须设计一个合理的筛选方法，以杀死大量的未发生突变的野生型，而保留极少数的突变型。

梯度平板法是筛选抗药性突变型的一种有效简便方法，其操作要点是：先加入不含药物的培养基，立即把培养皿斜放，待培养基凝固后形成一个斜面，再将培养皿平放，倒入含一定浓度药物的培养基，这样就形成一个药物浓度梯度由浓到稀的梯度培养基，然后再将大量的菌液涂布于平板表面上。经培养后，在高浓度药物处出现的菌落就是抗药性突变型菌株。

三、实验材料

1. 菌种

大肠埃希氏菌。

2. 培养基

牛肉膏蛋白胨琼脂培养基，2×(2 倍浓度)牛肉膏蛋白胨培养液(分装于小三角瓶中，每瓶装 20 mL)，生理盐水。

3. 器材

培养皿，涂布棒，移液管，滴管，离心机。

四、操作步骤

1. 制备菌液

从已活化的斜面菌种上挑一环大肠埃希氏菌于装有 5 mL 牛肉膏蛋白胨培养液的无菌离心管中(接 2 支离心管)，置 37℃条件下培养 16 h 左右，离心(3 500 r/min，10 min)，弃去上清液后再生理盐水洗涤 2 次，弃去上清液，重新悬浮于 5 mL 的生理盐水中。并且将 2 支离心管的菌液一并倒入装有玻璃珠的三角瓶中，充分振动以分散细胞，制成 10^8/mL 的菌液。然后吸 3 mL 菌液于装有磁力搅拌棒的培养皿中。

2. 紫外线照射

(1) 预热紫外灯：紫外灯功率为 15 W，照射距离 30 cm。照射前先开灯预热 30 min。

(2) 照射：将培养皿放在磁力搅拌器上，先照射 1 min 后再打开皿盖并计时，当照射达 2 min 后，立即盖上皿盖，关闭紫外灯。

3. 增殖培养(在暗室红灯下操作)

照射完毕，用无菌滴管将全部菌液吸到含有 3 mL 2×牛肉膏蛋白胨培养液的小三角瓶中，混匀后用黑纸包裹严密，置 37℃培养过夜。

4. 制备梯度培养皿

取 10 mL 牛肉膏蛋白胨琼脂培养基于直径 9 cm 的培养皿中，立即将培养皿斜放，使高处的培养基正好位于皿边与皿底的交接处。待凝固后，将培养皿平放，在加入含有链霉素(100 μg/mL)的牛肉膏蛋白胨琼脂培养基 10 mL。待凝固后，便得到链霉素从到 0 逐渐递减的浓度梯度培养皿。然后在皿底做一个"↑"符号标记。

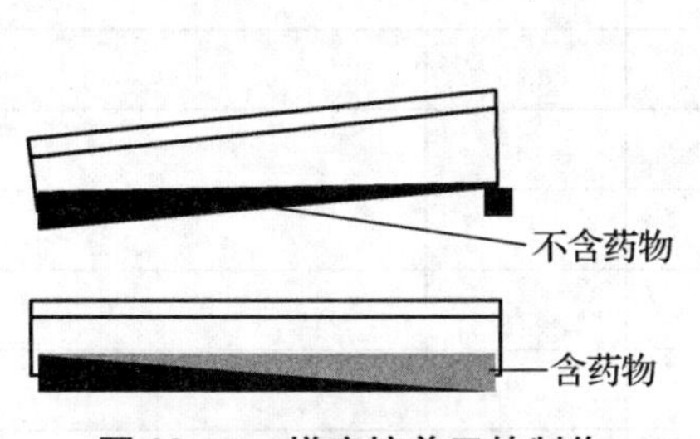

图 22-1　梯度培养皿的制作

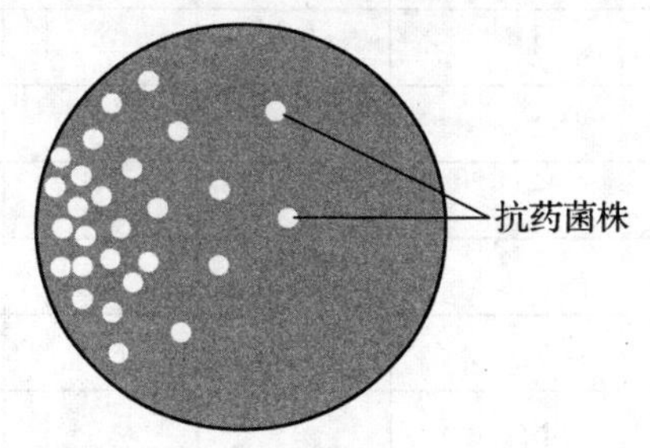

图 22-2　梯度培养皿上的抗药菌株

5. 涂布菌液

将增殖后的菌液进行离心(3 500 r/min，10 min)，弃去上清液，再加入少量生理盐水(约 0.2 mL)，制成浓的菌液后将全部菌液涂布于梯度培养皿上，并将它倒置于 37℃恒温箱中培养 24 h，然后将出现于高药物浓度区内的单菌落分别接种到斜面上，经培养后再做抗药性测定。

6. 抗药性测定

(1) 制备含药平板

取链霉素溶液(750 μg/mL)0.2 mL、0.4 mL、0.6 mL、0.8 mL，分别加到无菌培养皿中，再加入融化并冷却到 50℃左右的牛肉膏蛋白胨培养基 15 mL，立即混匀，平置凝固后即成一个对照平板(不含药物)。

(2) 抗药性的测定

将上述每个皿底的外面用记号笔画成 8 等分，并注明 1～8 号，然后将若干抗药菌株逐个划在上述 4 种浓度的药物平板上和对照平板上。每一皿必须留一格接种出发菌株。然后将所有的培养皿倒置于 37℃恒温箱中培养过夜。第二天观察各菌株的生长情况，并记录结果。

注意事项

1. 制备含药平板时，务必使药物与培养基充分混匀；
2. 严格无菌操作，勿将含药平板上的杂菌误认为是抗药性大肠埃希氏菌。

五、实验报告

将各菌株抗药性测定结果记录于下表中。

菌株号	含药平板/(μg. mL^{-1})				对照平板不含药物
	10	20	30	40	0
1					
2					
3					
4					
5					
6					
7					
8					
出发菌株					

注：以"+"表示生长，"—"表示不生长。

结果：你选到抗药菌株________株，最高抗药性达________μg/mL。

思考题

1. 未经诱变的菌株在含药平板上是否有菌落出现？为什么？

2. 你选出的抗药性菌株中，如有一支抗链霉素的菌株在含药平板上能生长，在不含药平板上反而不生长，这说明什么？

实验二十三　苯酚生物降解菌的筛选

一、目的要求

(1) 掌握微生物分离纯化的基本操作；

(2) 掌握用选择性培养基从土壤中分离苯酚生物降解菌的原理和方法。

二、基本原理

苯酚是一种在自然条件下难降解的有机物，其长期残留于空气、水体、土壤中，会造成严重的环境污染，对人体、动物有较高毒性。因此采用一定的方式降解苯酚，对保护人类健康、消除环境污染意义重大。在提倡绿色环保的大前提下，采用生物降解的途径势在必行。

微生物对污染物质的代谢、转化及降解作用，是当今环境污染研究中最活跃的领域之一。自然界中能降解烃类的微生物有几百种，多为细菌、酵母菌和真菌，降解是由他们所产生的酶和酶系统完成的，一般直链化合物比支链化合物、饱和化合物比非饱和化合物、脂肪烃比芳香烃容易被较多种类的微生物降解和同化。直链烃的降解是末端甲基被氧化形成醇、醛后再生成脂肪酸，由脂肪酸形成醋酸，最后氧化成二氧化碳和水，微生物对单环芳烃及其衍生物的降解与直链烃类似，能降解苯和酚的微生物种类很多，如放线菌等。

苯酚是卤代芳香烃化合物。苯酚是常用的表面消毒剂之一，它们是 TCA(三羧酸)循环的抑制剂。现已发现某些假单胞菌、真养产碱菌含有芳香烃的降解质粒，将其降解生成琥珀酸、草酰乙酸、乙酰 CoA，进入 TCA 循环。

在苯酚浓度梯度培养基平板高含药区上分离出的菌落，对苯酚具有较好的耐受性，可能具有分解酚菌的能力；然后将其在以苯酚为唯一碳源的培养基里进行摇床培养，淘汰掉不能利用苯酚的菌株，可筛选到苯酚降解菌；再用不同浓度的苯酚药物培养基分离，可筛选出耐受能力好，降解程度高的苯酚降解菌。

三、实验材料

1. 土样(样品)

被苯酚污染土样或者污水处理厂活性污泥。

2. 药品

牛肉膏，蛋白胨，苯酚，K_2HPO_4，KH_2PO_4，$MgSO_4$，$FeSO_4$，琼脂。

3. 培养基

牛肉膏蛋白胨培养基：牛肉膏 3 g，蛋白胨 10 g，NaCl 5 g，琼脂 15～20 g，水 1 000 mL，pH 7.0～7.5。

药物培养基：将一定量苯酚加入到牛肉膏蛋白胨培养基中制成。

苯酚浓度梯度平板：在无菌培养皿中，先倒入 7～10 mL 含 0.1 g/L 苯酚的牛肉膏蛋白胨培养基，将培养皿一侧置于木条上，使培养皿中培养基倾斜成斜面，且刚好完全盖住培养皿底部；待培养基凝固后，将培养皿放平，再倒入7～10 mL牛肉膏蛋白胨培养基。

以苯酚为单碳源的液体培养基：NH_4Cl 1.0 g，K_2HPO_4 0.6 g，KH_2PO_4 0.4 g，$MgSO_4$ 0.06 g，$FeSO_4$ 3 mg，苯酚按设计量添加，水 1 000 mL，pH 7.0～7.5。

三、实验内容

1. 苯酚耐受菌株的初选

(1) 浓度梯度培养基平板制备：按培养基 C 的方法制成苯酚浓度梯度平板。

(2) 样品菌悬液制备：将采集的土样溶解于无菌水中，摇匀，作适度稀释，备用。

(3) 平板涂布：用 1 mL 移液管分别从各菌悬液试管中取菌悬液 0.2 mL 于苯酚梯度平板上，用涂棒涂布均匀。

(4) 培养：恒温培养箱 30℃培养 1～2 天。

(5) 挑取菌落：由于在培养基平板中，药物浓度呈由低到高的梯度方式分布，平板上长成的菌落也呈现由密到稀的梯度分布，而高浓度药物区生长的少数菌落一般具有较强的抗药性。挑取高含药区的单个菌落于牛肉膏蛋白胨培养基斜面上划线。

(6) 培养、保藏：将接种后的斜面于恒温培养箱中 30℃培养 1～2 天，编号，4℃冰箱保藏。

2. 以苯酚为单碳源的菌株的筛选

(1) 单碳源培养基配制：按培养基 D 的配方，用 250 mL 三角瓶，每瓶装 50 mL，制成以苯酚为单碳源的液体摇瓶。

(2) 苯酚的浓度设定：苯酚浓度分别按 0.2 g/L，0.4 g/L，0.6 g/L，0.8 g/L，1.0 g/L，1.2 g/L 六个浓度梯度配制。

(3) 平行样：每菌株、每药物浓度各配置平行样两瓶。

(4) 灭菌：121℃，20 min。

(5) 接种：将初选的苯酚耐受性菌株，分别用少许无菌水稀释，接种于对应摇瓶中。

(6) 培养：八层纱布盖口，回旋式摇床，30℃，100 r/min 培养 2 天。

(7) 检测：用分光光度计测定 OD 值，以空白培养基作对照，检测各摇瓶菌体浓度。

(8) 筛选：淘汰掉不能利用苯酚为碳源的菌株。菌体浓度高的为生长较好者，即能以苯酚为单碳源的菌株，可进行下一步实验。

3. 高耐受性苯酚降解菌的筛选

(1) 药物培养基平板的配制：按不同浓度（0.2 g/L，0.4 g/L，0.6 g/L，0.8 g/L，1.0 g/L，1.2 g/L）苯酚配置药物培养基平板。

(2) 灭菌、倒平板：121℃，灭菌 20 min，倒平板，各菌株、各浓度配置两个。

(3) 菌悬液制备：将初选的培养液作适度稀释，或将保藏的经单碳源实验的菌株用无菌水制成菌悬液。

(4) 涂平板：用 1 mL 移液管分别从各菌悬液试管中取菌悬液 0.2 mL 涂布于药物培养基平板上，每一试管菌悬液涂布一组不同浓度的苯酚药物培养基平板，每一浓度设平板两个，六组共计 12 个。

(5) 培养：恒温培养箱 30℃培养 1～2 天。

(6) 筛选：观察、记录并挑选高浓度药物培养基平板上生长旺盛的菌落，此即高耐受性苯酚降解菌，接种于牛肉膏蛋白胨培养基斜面。

(7) 保藏：编号，4℃冰箱保藏。

注意事项

1. 各种培养基的配制应严格按配方的要求完成，尤其是苯酚的称量和 pH；
2. 涂布梯度平板的菌悬液只作适度稀释，菌浓度不必过低；
3. 涂布平板的菌悬液不要过多或过少，0.2 mL 为宜；
4. 梯度平板上挑取菌落时，要挑取单菌落；
5. 单碳源实验的培养基和培养条件一定要严格把握。

五、实验报告

(1) 苯酚耐受菌株的初选结果。

平板编号	1	2	3	4	5	6	7	8
药物浓度(g/L)	0.1	0.1	0.1	0.1	0.1	0.1	0.1	0.1
高药区单菌落数								

(2) 以苯酚为单碳源的菌株的筛选结果(生长情况 OD 值)。

药物浓度	(g/L)	0.2	0.4	0.6	0.8	1.0	1.2
菌种编号	1						
	2						
	3						
	4						
	5						

(3) 高耐受性苯酚降解菌的筛选结果(菌落数)。

药物浓度	(g/L)	0.2	0.4	0.6	0.8	1.0	1.2
菌株号	1						
	2						
	3						
	4						
	5						

思考题

在苯酚浓度梯度培养基平板高含药区上分离出的菌落,一定是苯酚生物降解菌吗?

实验二十四　水中细菌总数的测定

一、目的要求

(1) 学习水样的采取方法和水样细菌总数测定的方法。

(2) 了解培养基平板菌落计数原则。

二、基本原理

本实验采用平板计数技术测定水中细菌总数。细菌总数主要作为判定被检水样污染程度的标志。在水质卫生学检验中，细菌总数是指 1 mL 水样在肉膏蛋白胨琼脂培养基中，置 37℃经 24 h 培养后，所生长的细菌菌落的总数。我国生活饮用水标准中规定生活饮用水的细菌总数 1 mL 中不得超过 100 个。

三、实验材料

肉膏蛋白胨脂培养基，灭菌水，冰箱，灭菌三角烧瓶，灭菌的带玻璃塞瓶，灭菌培养皿，灭菌吸管，灭菌试管等。

四、操作步骤

(一) 水样的采取

供细菌学检验用的水样，必须按无菌操作的基本要求进行采样，并保证在运送，贮存过程中不受污染。为了要正确反映水质在采样时的真实情况，水样在采取后应立即送检，一般从取样到检验不应超过 4 h。条件不允许立即检验时，应存于冰箱，但也不应超过 24 h，并应在检验报告单上注明。

1. 自来水

先将自来水龙头用火焰烧灼 3 min 灭菌，再开放水龙头使水流 5 min 后，用灭菌三角烧瓶接取水样，以待分析。

2. 池水、河水或湖水

应取距水面 10～15 cm 的深层水样，先将灭菌的带玻璃塞瓶，瓶口向下浸入水中，然后翻转过来，除去玻璃塞，水即流入瓶中，盛满后，将瓶塞盖好，再从水中取出，最好立即检查，否则需放入冰箱中保存。

（二）细菌总数测定

1. 自来水

（1）用灭菌吸管吸取 1 mL 水样，注入灭菌培养皿中，共做三个平皿。

（2）分别倾注约 15 mL 已溶化并冷却到 45℃左右的肉膏蛋白胨琼脂培养基，并立即在桌上作平面旋摇，使水样与培养基充分混匀。

（3）另取三空的灭菌培养皿，倾注肉膏蛋白胨琼脂培养基 15 mL，作空白对照。

（4）培养基凝固后，倒置于 37℃温箱中，培养 24 h，进行菌落计数。

三个平板的平均菌落数即为 1 mL 水样的细菌总数。

2. 池水、河水或湖水等

（1）稀释水样取 3 个灭菌空试管，分别加入 9 mL 灭菌水。取 1 mL 水样注入第一管 9 mL 灭菌水内，摇匀，再从第一管取 1 mL 至下一管灭菌水内，如此稀释到第三管，稀释度分别为 10^{-1}、10^{-2} 与 10^{-3}。稀释倍数看水样污浊程度而定，以培养后平板的菌落数在 30～300 个之间的稀释度最为合适，若三个稀释度的菌数均多到无法计数或少到无法计数，则需继续稀释或减小稀释倍数。一般中等污秽水样，取 10^{-1}、10^{-2} 与 10^{-3} 三个连续稀释度，污秽严重的取 10^{-2}、10^{-3} 与 10^{-4} 三个连续稀释度。

（2）自最后三个稀释度的试管中各取 1 mL 稀释水加入空的灭菌培养皿中，每一稀释度做三个培养皿。

（3）各倾注 15 mL 已溶化并冷却至 45℃左右的肉膏蛋白胨琼脂培养基，立即放在桌上摇匀。

（4）凝固后倒置于 37℃培养箱中培养 24 h。

（三）菌落计数方法

（1）先计算相同稀释度的平均菌落数。若其中一个培养皿有较大片状菌苔生长时，则不应采用，而应以无片状菌苔生长的培养皿作为该稀释度的平均菌落数。若片状菌苔的大小不到培养皿的一半，而其余的一半菌落分布又很均匀时，则可将此一半的菌落数乘以 2 以代表全培养皿的菌落数，然后再计算该稀释度的平均菌落数。

（2）首先选择平均菌落数在 30～300 之间的，当只有一个稀释度的平均菌落数符合此范围时，则以该平均菌落数乘以其稀释倍数即为该水样的细菌总数。

（3）若有两个稀释度的平均菌落数均在 30～300 之间，则按两者菌落总数之比值来决定。若其比值小于 2，应采取两者的平均数。若大于 2，则取其中较小的菌落总数。

(4) 若所有稀释度的平均菌落数均大于300,则应按稀释度最高的平均菌落数乘以稀释倍数。

(5) 若所有稀释度的平均菌落数均小于30,则应按稀释度最低的平均菌落数乘以稀释倍数。

(6) 若所有稀释度的平均菌落数均不在30～300之间,则以最近300或30的平均菌落数乘以稀释倍数。

表24-1　计算菌落总数方法举例

例次	不同稀释度的平均菌落数			菌落总数(个/mL)	报告方式(个/mL)	备注
	10^{-1}	10^{-2}	10^{-3}			
1	1 365	164	20	16 400	16 400或1.6×10^4	两位以后的数字采取四舍五入的方法去掉
2	2 760	295	46	37 700	37 750或3.8×10^4	
3	2 890	271	60	27 100	27 100或2.7×10^4	
4	无法计数	1650	513	513 000	513 000或5.1×10^5	
5	27	11	5	270	270或2.7×10^2	
6	无法计数	305	12	30 500	30 500或3.1×10^4	

五、实验报告

(1) 自来水。

平板	菌落数	1 mL自来水中细菌总数
1		
2		

(2) 池水、河水或湖水等。

稀释度	10^{-1}		10^{-2}		10^{-3}	
平板	1	2	1	2	1	2
菌落数						
平均菌落数						
计算方法						
细菌总数/mL						

思考题

1. 从自来水的细菌总数结果来看，是否合乎饮用水的标准？

2. 国家对自来水的细菌总数有一标准，那么各地能否自行设计其测定条件（诸如培养温度，培养时间等）来测定水样总数呢？为什么？

实验二十五　多管发酵法测定水中大肠菌群

一、目的要求

(1) 学习测定水中大肠菌群数量的多管发酵法；

(2) 了解大肠菌群的数量在饮水中的重要性。

二、实验原理

大肠菌群是评价水质好坏的一个重要的卫生指标，也是反映水体被生活污水污染的一项重要监测项目。

大肠菌群是一群以大肠埃希氏菌(Escherichia coli)为主的需氧及兼性厌氧的革兰氏阴性无芽孢杆菌，在37℃生长时，能在48 h内发酵乳糖并产酸产气。主要由肠杆菌科中四个属内的细菌组成，即埃希氏杆菌属、柠檬酸杆菌属、克雷伯氏菌属和肠杆菌属。

水的大肠菌群数是指100 mL水检样内含有的大肠菌群实际数值，以大肠菌群最近似数(MPN)表示。在正常情况下，肠道中主要有大肠菌群、粪链球菌和厌氧芽孢杆菌等多种细菌。这些细菌都可以随人畜排泄物进入水源，由于大肠菌群在肠道内数量多，所以，水源中大肠菌群的数量，是直接反映水源被人畜排泄物污染的一项重要指标。目前，国际上已公认大肠菌群是粪便污染的指标。因而对饮用水必须进行大肠菌群的检查。我国生活饮用水卫生标准中规定一升水样中总大肠菌群数不超过三个。

水中大肠菌群的检测方法，常用多管发酵法和滤膜法。多管发酵法可适用于各种水样的检验，但操作繁琐，需要的时间较长。滤膜法仅适用于自来水和深井水，操作简单、快速，但不适用于杂质较多、易于堵塞滤孔的水样。

三、实验材料

三倍浓缩乳糖蛋白胨发酵烧瓶(三角瓶)(内倒置小套管)乳糖蛋白胨发酵管(内有倒置小套管)，三倍浓缩乳糖蛋白胨发酵管(瓶)(内有倒置小套管)，伊红美蓝琼脂平板，灭菌水，载玻片，革兰氏染液，显微镜，香柏油，二甲苯，擦镜纸，吸水纸，灭菌三角瓶等。

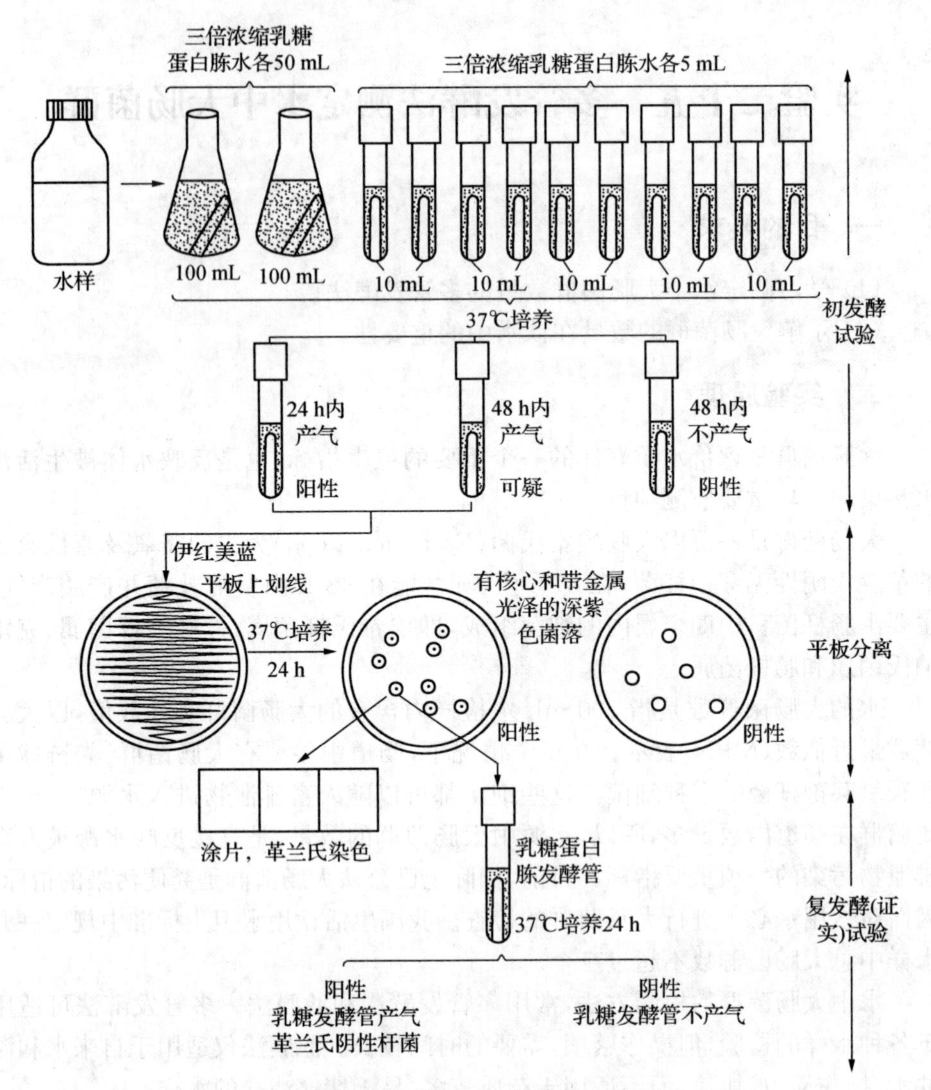

图 25－1　多管发酵法测定水中大肠菌群的操作步骤

四、实验步骤

（一）自来水检测

1. 水样的采集

供细菌学检验的水样，必须按一般无菌操作的基本要求采集，并保证再运送、贮存过程中不受污染。水样从采集到检验不应超过 4 h，在 0℃～4℃下保存不应超过 24 h，如不能在 4 h 内分析，应在检验报告上注明保存时间和条件。

自来水取样应在水龙头打开放水 5 min，再用无菌容器接取水样，待分析。如水样内含有余氯，则采样瓶灭菌后按每 500 mL 水样加 3% $Na_2S_2O_3 \cdot 5H_2O$ 溶液 1 mL。

2. 初发酵试验

在 2 个含有 50 mL 三倍浓缩的乳糖蛋白胨发酵烧瓶中，各加入 100 mL 水样。在 10 支含有 5 mL 三倍浓缩乳糖蛋白胨发酵管中，各加入 10 mL 水样。混匀后，37℃培养 24 h，24 h 未产气的继续培养至 48 h。在 48 h 之间，培养管内倒置的杜汉氏小管内有任何量的气体积累，或培养基颜色从紫色变为黄色，便可初步断定为阳性反应。

若实验所测定的所有管中均为阳性反应，说明浓水样污染严重，可将样品进一步稀释后，再按上述方法接种、培养和观察。

3. 平板分离

经 24 h 培养后，将产酸产气及 48 h 产酸产气的发酵管（瓶）液体，分别划线接种于伊红美蓝琼脂平板上，再置于 37℃下培养 18～24 h. 将符合下列特征的菌落的一小部分，进行涂片，革兰氏染色，镜检。

① 深紫黑色、有金属光泽；② 紫黑色、不带或略带金属光泽；③ 淡紫红色、中心颜色较深。

4. 复发酵试验

经涂片、染色、镜检，如为革兰氏阴性无芽孢杆菌，则挑取该菌落的另一部分，重新接种于普通浓度的乳糖蛋白胨发酵管中，每管可接种来自同一初发酵管的同类型菌落 1～3 个，37℃培养 24 h，结果若产酸又产气，即证实有大肠菌群存在。

5. 查表

证实有大肠菌群存在后，再根据初发酵试验的阳性管（瓶）数查表，即得大肠菌群数。

表 25－1　水样的总大肠菌群检索表 1

100 mL水量阳性管数 / 10 mL水量阳性管数	0	1	2
	每升水样中大肠菌群数	每升水样中大肠菌群数	每升水样中大肠菌群数
0	<3	4	11
1	3	8	18
2	7	13	27

（续表）

10 mL水量阳性管数 \ 100 mL水量阳性管数	0	1	2
	每升水样中大肠菌群数	每升水样中大肠菌群数	每升水样中大肠菌群数
3	11	18	38
4	14	24	52
5	18	30	70
6	22	36	92
7	27	43	120
8	31	51	161
9	36	60	230
10	40	69	>230

（二）池水、河水或湖水等的检查

（1）江、河、湖、池自然水体取样可用采样器，采样瓶应先灭菌。采样后，瓶内应留有空隙。如果与其他化验项目联合取样，细菌学分析水样应采在其他样品之前。

将水样稀释成 10^{-1} 与 10^{-2} 分别吸取 1 mL 10^{-2}、10^{-1} 的稀释水样和1 mL原水样，各注入装有 10 mL 普通浓度乳糖蛋白胨发酵管中。另取 10 mL 和100 mL原水样，分别注入装有 5 mL 和 50 mL 三倍浓缩乳糖蛋白胨发酵液的试管中。

（2）以下步骤同上述自来水的平板分离和复发酵试验。

表 25－2　水样的总大肠菌群检索表 2

接种水样量				每升水样中大肠杆菌数
100	10	1	0.1	
－	－	－	－	<9
－	－	－	＋	9
－	－	＋	－	9
－	＋	－	－	9.5
－	－	＋	＋	18

（续表）

接种水样量				每升水样中大肠杆菌数
100	10	1	0.1	
－	＋	－	＋	19
－	＋	＋	－	22
＋	－	－	－	23
－	＋	＋	＋	28
＋	－	－	＋	92
＋	－	＋	－	94
＋	－	＋	＋	180
＋	＋	－	－	230
＋	＋	－	＋	960
＋	＋	＋	－	2 380
＋	＋	＋	＋	＞2 380

注：接种水样量 111.1 mL，其中 100 mL、10 mL、1 mL、0.1 mL 各一份；“＋”表示大肠菌群发酵阳性，“－”表示大肠菌群发酵阴性

表 25-3　水样的总大肠菌群检索表 3

接种水样量				每升水样中大肠杆菌数
10	1	0.1	0.01	
－	－	－	－	＜90
－	－	－	＋	90
－	－	＋	－	90
－	＋	－	－	95
－	－	＋	＋	180
－	＋	－	＋	190
－	＋	＋	－	220
＋	－	－	－	230
－	＋	＋	＋	280
＋	－	－	＋	920

（续表）

接种水样量				每升水样中大肠杆菌数
10	1	0.1	0.01	
+	−	+	−	940
+	−	+	+	1 800
+	+	−	−	2 300
+	+	−	+	9 600
+	+	+	−	23 800
+	+	+	+	>23 800

注：接种水样量 11.11 mL，其中 10 mL、1 mL、0.1 mL、0.01 mL 各一份
“+”表示大肠菌群发酵阳性，“−”表示大肠菌群发酵阴性

五、实验报告

(1) 自来水 100 mL 水样的阳性管数是多少？10 mL 水样的阳性管数是多少？

查表 25-1 得每升水样中大肠菌群数是多少？

(2) 池水、河水或湖水阳性结果记“+”；阴性结果记“−”。

查表 25-2 得每升水样中大肠菌群数是多少？

查表 25-3 得每升水样中大肠菌群数是多少？

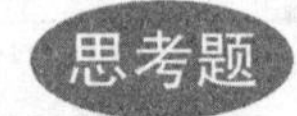

1. 大肠菌群的定义是什么？

2. 假如水中有大量的致病菌——霍乱弧菌，用多管发酵技术检查大肠菌群，能否得到阴性结果？为什么？

3. EMB 培养基含有哪几种主要成分？在检查大肠菌群时，各起什么作用？

实验二十六　噬菌体的分离和纯化

一、目的要求

（1）掌握用双层琼脂平板法分离纯化大肠杆菌噬菌体的一般原理和方法；

（2）观察噬菌斑。

二、实验原理

噬菌体是一类只能在电子显微镜下观察到的超显微非细胞类生物，是一类寄生于原核生物如细菌和放线菌等细胞内的病毒。噬菌体广泛地存在于自然界，凡是有寄主存在的地方，一般都能找到相应的噬菌体，粪便和阴沟污水等常是各种肠道细菌尤其是大肠杆菌的栖息地，从其中能分离到相应的噬菌体。

噬菌体的分离纯化和效价测定常用双层琼脂平板法，即在含有寄主（敏感菌）细胞的平板上，噬菌体通过吸附和侵入，在寄主细胞内不断增殖和最终导致寄主裂解，且在菌苔上形成一个个肉眼可见的无菌空斑，称为噬菌斑。将待测的噬菌体液作适当稀释后，用双层平板法测定，从平板上计得噬菌斑数乘以稀释倍数，即可换算出原液中噬菌体的效价，并达到分离和纯化噬菌体的目的。

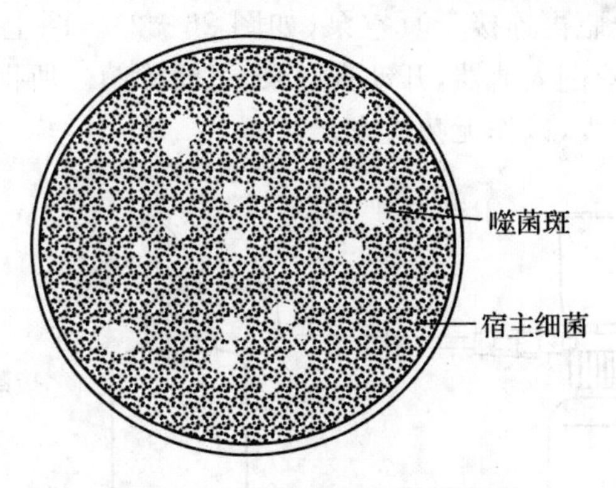

图 26－1　琼脂平板上的噬菌斑

三、实验材料

1．菌种

大肠杆菌（*E. coli*）。

2. 噬菌体样品

阴沟或化粪池污水。

3. 培养基

3×牛肉膏蛋白胨培养基，牛肉膏蛋白胨培养液，固体牛肉膏蛋白胨培养基，琼脂半固体培养基(含琼脂 0.6%，试管分装，每管 4 mL)。

4. 器材

吸管，涂布棒，细菌滤器，抽滤装置，水浴锅等。

四、实验步骤

(一) 噬菌体的分离

1. 制备菌悬液

取大肠杆菌斜面一支，加 4 mL 无菌水洗下菌苔，制成菌悬液。

2. 增殖培养

于 100 mL 三倍浓缩的肉膏蛋白胨液体培养基的三角烧瓶中，加入污水样品 200 mL 与大肠杆菌悬液 2 mL，37℃培养 12～24 h。

3. 制备裂解液

将以上混合培养液 2 500 r/min 离心 15 min。

将已灭菌的蔡氏过滤器用无菌操作安装于灭菌抽滤瓶上，用橡皮管连接抽滤瓶与安全瓶，安全瓶再连接于真空泵(如图 26－2)。图上的真空表接或不接均可。将离心上清液倒入滤器，开动真空泵，过滤除菌。所得滤液倒入灭菌三角烧瓶内，37℃培养过夜，以作无菌检查。

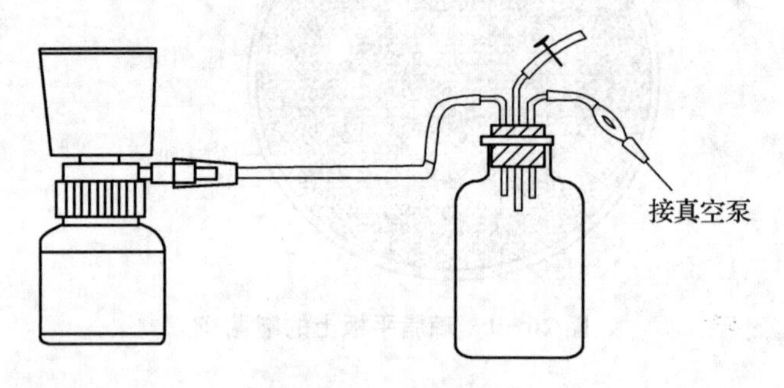

图 26－2　过滤装置

4. 确证实验

经无菌检查没有细菌生长的滤液作进一步证实噬菌体的存在。

(1) 在肉膏蛋白胨琼脂平板上加一滴大肠杆菌悬液，再用灭菌玻璃涂布器将菌液涂布成均匀的一薄层。

(2) 待平板菌液干后,分散滴加数小滴滤液于平板菌层上面,置37℃培养过夜。如果在滴加滤液处形成无菌生长的透明噬菌斑,便证明滤液中有大肠杆菌噬菌体。

注意事项

液体抽滤完毕,应打开安全瓶的放气阀增压后再停真空泵,否则将产生滤液回流,污染真空泵。

(二) 噬菌体的纯化

(1) 如已证明确有噬菌体存在,则用接种环取滤液一环接种于液体培养基内,再加入 0.1 mL 大肠杆菌悬液,使混和。

(2) 取上层琼脂培养基,溶化并冷却至 48℃(可预先溶化、冷却,放 48℃水浴箱内备用),加入以上噬菌体与细菌的混合液 0.2 mL,立即混匀。

(3) 并立即倒入底层培养基上,铺匀。置 37℃培养 24 h。

(4) 此时长出的分离的单个噬菌斑,其形态、大小常不一致,再用接种针再单个噬菌斑中刺一下,小心采取噬菌体,接入含有大肠杆菌的液体培养基内,37℃培养。

(5) 待管内菌液完全溶解后,过滤除菌,即得到纯化的噬菌体。

(三) 高效价噬菌体的制备

刚分离纯化所得到的噬菌体往往效价不高,需要进行增殖。

将纯化了的噬菌体滤液与液体培养基按 1∶10 的比例混合,再加入大肠杆菌悬液适量(可与噬菌体滤液等量或 1/2 的量)培养,使增殖,如此重复移种数次,最后过滤,可得到高效价的噬菌体制品。

五、实验报告

绘图表示平板上出现的噬菌斑。

思考题

1. 较噬菌体与其他做生物分离纯化中的基本原理和具体操作方法上的异同。在噬菌体的分离中,试样为何须经增殖这一步?这种增殖与其他微生物的富集培养有何区别?

2. 在同一敏感菌的平板上会出现形态和大小不同的噬菌斑?

3. 能否用伤寒杆菌(肠道菌)悬液作为宿主细胞分离大肠杆菌(肠道菌)的噬菌体,为什么?

4. 加大肠杆菌增殖的污水裂解液为什么要过滤除菌,不过滤的污水将会出现什么实验结果,为什么?

5. 某生产抗生素的工厂在发酵生产卡那霉素时发现生产不正常,主要表现为:发酵液变稀,菌丝自溶,氨态氮上升,你认为可能原因是什么? 如何证实你的判断是否正确?

实验二十七　乳酸发酵与乳酸菌饮料

一、目的要求

(1) 学习乳酸发酵和制作乳酸菌饮料的方法；

(2) 了解乳酸菌的生长特性。

二、实验原理

许多种类的微生物(主要是细菌)在厌氧条件下分解己糖产生乳酸的作用称为乳酸发酵。能利用可发酵糖产生乳酸的细菌称为乳酸细菌。乳酸细菌多是兼性厌氧菌，在厌氧条件下经过EMP途径，发酵己糖进行乳酸发酵。生活中酸乳中常见的乳酸菌有保加利亚杆菌和嗜热链球菌等。酸乳是一种常见的乳酸饮料，它是以牛乳为主要原料，加入一定的糖类，接入一定量的乳酸菌，经过发酵后而制成的饮料。本次实验的目的是学习乳酸发酵和制作乳酸菌饮料的方法，了解乳酸菌的生长特性。

三、实验材料

嗜热乳酸链球菌(*Streptococcus thermophilus*)、保加利亚乳酸杆菌(*Lactobacillus bulgaricus*)，乳酸菌种也可以从市场销售的各种新鲜酸乳或酸乳饮料中分离。

BCG牛乳培养基，乳酸菌培养基，脱脂乳试管(见注)，脱脂乳粉或全脂乳粉，鲜牛奶，蔗糖，碳酸钙。

恒温水溶锅，酸度计，高压蒸汽灭菌锅，超净工作台，培养箱，酸乳瓶(200～280 mL)，培养皿，试管，300 mL三角瓶。

四、操作步骤

(一) 乳酸菌的分离纯化

1. 分离

取市售新鲜酸乳或泡制酸菜的酸液稀释至10^{-5}，取其中的10^{-4}、10^{-5}2个稀释度的稀释液各0.1～0.2 mL，分别接入BCG牛乳培养基琼脂平板上，用无菌涂布器依次涂布；或者直接用接种环蘸取原液平板划线分离，置40℃培养48 h，如出现圆形稍扁平的黄色菌落及其周围培养基变为黄色者初步定为乳酸菌。

2. 鉴别

选取乳酸菌典型菌落转至脱脂乳试管中，40℃培养 8～24 h 若牛乳出现凝固，无气泡，呈酸性，涂片镜检细胞杆状或链球状（两种形状的菌种均分别选入），革兰氏染色呈阳性，则可将其连续传代 4～6 次，最终选择出在 3～6 h 能凝固的牛乳管，作菌种待用。

（二）乳酸发酵及检测

1. 发酵

在无菌操作下将分离的 1 株乳酸菌接种于装有 300 mL 乳酸菌培养液的 500 mL 三角瓶中，40℃～42℃静止培养。

2. 检测

为了便于测定乳酸发酵情况，实验分 2 组。一组在接种培养后，每 6～8 h 取样分析，测定 pH。另一组在接种培养 24 h 后每瓶加入 $CaCO_3$ 3 g（以防止发酵液过酸使菌种死亡），每 6～8 h 取样，测定乳酸含量（方法见注），记录测定结果。

（三）乳酸菌饮料的制作

(1) 将脱脂乳和水以 1∶(7～10)(W/W)的比例，同时加入 5%～6%蔗糖，充分混合，于 80℃～85℃灭菌 10～5 min，然后冷却至 35℃～40℃，作为制作饮料的培养基质。

(2) 将纯种嗜热乳酸链球菌、保加利亚乳酸杆菌及两种菌的等量混合菌液作为发酵剂，均以 2%～5%的接种量分别接入以上培养基质中即为饮料发酵液，亦可以市售鲜酸乳为发酵剂。接种后摇匀，分装到已灭菌的酸乳瓶中，每一种菌的饮料发酵液重复分装 3～5 瓶，随后将瓶盖拧紧密封。

(3) 把接种后的酸乳瓶置于 40℃～42℃恒温箱中培养 3～4 h。培养时注意观察，在出现凝乳后停止培养。然后转入 4℃～5℃的低温下冷藏 24 h 以上。经此后熟阶段，达到酸乳酸度适中(pH 4～4.5)，凝块均匀致密，无乳清析出，无气泡，获得较好的口感和特有风味。

(4) 以品尝为标准评定酸乳质量采用乳酸球菌和乳酸杆菌等量混合发酵的酸乳与单菌株发酵的酸乳相比较，前者的香味和口感更佳。品尝时若出现异味，表明酸乳污染了杂菌。比较项目按表 26-1。

注意事项

1. 采用 BCG 牛乳培养基琼脂平板筛选乳酸菌时，注意挑取典型特征的黄色菌落，结合镜检观察，有利高效分离筛选乳酸菌；

2. 制作乳酸菌饮料，应选用优良的乳酸菌，采用乳酸球菌与乳酸杆菌等量混合发酵，使其具有独特风味和良好口感；

3. 牛乳的消毒应掌握适宜温度和时间，防止长时间采用过高温度消毒而破坏酸乳风味；

4. 作为卫生合格标准还应按卫生部规定进行检测，如大肠菌群检测等。经品尝和检验，合格的酸乳应在4℃条件下冷藏，可保存6～7 d。

五、实验报告

乳酸发酵过程、检测结果及结果分析。

表 26-1　乳酸菌单菌及混合菌发酵的酸乳品评结果

乳酸菌类	品评项目					结论
	凝乳情况	口感	香味	异味	pH	
球菌						
杆菌						
球菌杆菌混合(1∶1)						

思考题

1. 发酵酸乳为什么能引起凝乳？
2. 为什么采用乳酸菌混合发酵的酸乳比单菌发酵的酸乳口感和风味更佳？
3. 试设计一个从市售鲜酸乳中分离纯化乳酸菌的制作乳酸菌饮料的程序。

附 1：脱脂乳试管

直接选用脱脂乳液或按脱脂乳粉与5%蔗糖水为1∶10的比例配制，装量以试管的1/3为宜，115℃灭菌15 min。

附 2：乳酸检测方法

1. 定性测定

取酸乳上清液的10 mL于试管中，加入10% H_2SO_4 1 mL，再加2% $KMnO_4$ 1 mL，此时乳酸转化为乙醛，把事先在含氨的硝酸溶液中浸泡的滤纸条搭在试管口上，微火加热试管至沸，若滤纸变黑，则说明有乳酸存在，这里因为加热使乙醛挥发的结果。

2. 定量测定

(1) 测定方法

取稀释10倍的酸乳上清液0.2 mL，加至3 mL pH9.0的缓冲液中，再加入0.2 mL NAD

溶液，混匀后测定 OD 340 nm 值为 A_1，然后加入 0.02 mL L(＋)LDH，0.02 D(－)LDH，25℃保温 1 h 后测定 OD 340 nm 值为 A_2。同时用蒸馏水代替酸乳上清液作对照，测定步骤及条件完全相同，测出的相应值为 B_1 和 B_2。

(2) 计算公式

$$乳酸/g \cdot (100\ mL) = (V \times M \times \Delta\varepsilon \times D) \div 1\,000 \times \varepsilon \times l \times Vs$$

式中：V 为比色液最终体积(3.44 mL)；M 为乳酸的克分子质量(1 mol/L＝90 g)；$\Delta\varepsilon$ 为 $(A_2-A_1)-(B_2-B_1)$；D 为稀释倍数(10)；ε 为 NADH 在 340 nm 吸光系数；l 为比色皿的厚度(0.1 cm)；Vs 为取样体积(0.2 mL)。

3. 酸乳的检查指标

(1) 感观指标：酸乳凝块均匀细腻，色泽均匀无气泡，有乳酸特有的悦味；

(2) 合格的理化指标：如脂肪≥3%，乳总干物质≥11.5%，蔗糖≥5.00%，酸度 70～110 T°，Hg＜0.01×10^{-6} mg/mL 等；

(3) 无致病菌，大肠菌群≤40 个/100 mL。

实验二十八　酒精发酵及糯米甜酒的酿制

一、目的要求

学习和掌握酵母菌发酵糖产生酒精和酒曲发酵糯米配制糯米甜酒的方法。

二、实验原理

在无氧条件下，酵母菌利用己糖发酵生成乙醇和 CO_2 的作用，称为乙醇发酵。目前乙醇发酵所采用的微生物主要是酵母菌。

甜酒酿简称酒酿，是我国民间广泛食用的一种高糖、低酒精含量的发酵食品。由优质糯米经小曲中的根霉和酵母的糖化和发酵制成的。甜酒酿的制作原理十分简单：根霉的孢子在米饭基质上发芽后，迅速萌发出大量菌丝体，它们分泌的几种淀粉酶将基质中的淀粉水解为葡萄糖。这就是糖化阶段。接着，再由根霉和多种酵母菌继续将其中一部分葡萄糖转化为乙醇，此即酒精发酵阶段。一般优质的甜酒酿要求甜味浓郁、酒味清淡、香味宜人、固液分明。

三、实验材料

培养的酿酒酵母(*Saccharomyces cerevisiae*)斜面菌种。

酒精发酵培养基，甜酒曲，蒸馏水，无菌水，糯米。

铝锅，电炉，三角瓶，牛皮纸，棉绳，蒸馏装置，水浴锅，振荡器，酒精比重计。

四、操作步骤

(一) 酵母菌的酒精发酵

1. 培养基

配制好的发酵培养基分装人 300 min 三角瓶中，每瓶 100 mL，121℃湿热灭菌 20～30 min。

2. 接种和培养

于培养 24 h 的酿酒酵母斜面中加入无菌水 5 mL，制成菌悬液。并吸取 1 mL，接种于装有 100 mL 培养基的三角瓶中，一共接 2 瓶，其中 1 瓶于 30℃恒温静止培养，另 1 瓶置 30℃恒温振荡培养。

3. 酵母菌数目的计数

每隔 24 h 取样，经 10 倍稀释后进行细胞计数（方法参阅“细菌数量测定”）。

4. 酒精蒸馏及酒精度的测定

取 60 mL 已发酵培养 3 d 的发酵液加至蒸馏装置的圆底烧瓶中，在水浴锅中 85℃～95℃下蒸馏。当开始流出液体时，准确收集 40 mL 于量筒中，用酒精比重计测量酒精度。

5. 品尝

取少量一定浓度（30～40 度）的酒品尝，体会口感。

（二）糯米甜酒的配制

1. 甜酒培养基制作

称取一定量优质糯米（糙糯米更好）。用水淘洗干净后，加水量为米水比 1∶1，加热煮熟成饭。或者糯米洗净后，用水浸透，沥干水后，加热蒸熟成饭，即为甜酒培养基。

2. 接种

糯米冷却至 35℃以下，加入适量的甜酒曲（用量按产品说明书）并喷洒一些清水拌匀，然后装入到干净的三角瓶中或装入聚丙烯袋中。装饭量为容器的 1/3～2/3，中央挖洞，饭面上再撒一些酒曲，塞上棉塞或扎好袋口，置 25℃～30℃下培养发酵。

3. 培养发酵

发酵 2 d 便可闻到酒香味，开始渗出清液，3～4 d 渗出液越来越多，此时，把洞填平，让其继续发酵。

4. 产品处理

培养发酵至第 7 d 取出，把酒槽滤去，汁液即为糯米甜酒原液，加入一定量的水。加热煮沸便是糯米甜酒，即可品尝。

注意事项

酿制糯米甜酒时糯米饭一定要煮熟煮透，不能太硬或夹生；米饭一定要凉透至 35℃以下才能拌酒曲，否则会影响正常发酵。

五、实验报告

（1）记录酵母酒精发酵过程，比较两种培养方法结果的不同，并解释其原因。

（2）记录糯米配制糯米甜酒的发酵过程，以及糯米甜酒的外观、色、香、味和口感。

思考题

1. 为什么糯米饭温度要降至35℃以下拌酒曲,发酵才能正常进行?糯米饭一开始发酵时要挖个洞,后来又填平,这有什么作用?

2. 酒精发酵培养基配方中如去掉 KH_2PO_4,同样接入酒精酵母菌进行发酵,将出现何种结果?为什么?

第三部分　研究创新实验示例

产胶原蛋白酶菌株的筛选及酶活特性研究

生物科学2007级　陈梦娜　陈惜俊　徐珊珊　杨亚芬

摘　要：从绍兴、上虞的畜肉市场、屠宰场等处采集土样、水样，分离得到22株明胶水解活性的细菌。经活性平板初筛、猪皮消化实验和活性测定，筛选得到一株胶原蛋白酶活性最高的菌株。经形态学观察、生理生化特性和16S rDNA序列分析，鉴定该菌株为枯草芽孢杆菌(Bacillus subtilis)。通过对B3发酵条件的优化，确定最佳培养基碳源氮源及含量分别为牛肉膏1.5%，蛋白胨2%，接种量为250 mL三角瓶装液50 mL，起始pH值为8.0，发酵温度为32℃，在180 r/min摇床培养36 h，酶活最高可达25.12 u/mL，较优化前酶活提高了39.7%。

关键词：胶原蛋白酶，分离，鉴定，枯草芽孢杆菌，实验室发酵条件

前　言

胶原是一种白色、不透明、无支链的纤维蛋白质，它主要存在于动物的皮、骨、软骨、牙齿、肌腱、韧带和血管中，是结缔组织极重要的结构蛋白质，起着支撑器官、保护机体的功能[1]。多数类型的胶原蛋白分子都由3条肽链组成，3链相互缠绕，形成了胶原蛋白分子特有的杆状结构，胶原蛋白三条链相互平行而且由链间氢键相连，使其具有十分稳定的性质[2-3]。在应用上，胶原蛋白具有美白、保湿、防皱等美容美体作用，胶原蛋白制剂可有效改善关节炎及骨质疏松症，还可以用于治疗严重胃炎、胃溃疡的修复，并与其他药物配合治疗心脏病、肝病、高血压等。大量需求突出了提取胶原蛋白的迫切性，用胶原蛋白酶进行生产就是其中重要的一种方法[4]。

胶原蛋白酶的研究始于19世纪末。胶原蛋白酶(Collagenase E. C 3. 4. 24. 3)定义为在适当的pH和温度下，只作用于胶原或其变性明胶而不作用其他蛋白质的酶类[5-6]。在医学上可用于治疗腰间盘突出症、瘢痕疙瘩、杜谱伊特伦症等；在环境保护上可用于皮革边角废物变废为宝实现高值转化；在生物学研究上可用于细胞分离，也可在细胞研究中应用于分离胃肠细胞、胰岛素和上皮细胞

等，还可应用于胶原结构、生物合成的研究等[7]。

胶原蛋白酶来源广泛，多种微生物、动物的许多组织细胞(尤其在病理条件下)都可产生胶原酶，故按照其来源可分为微生物胶原蛋白酶和动物胶原蛋白酶。微生物来源的胶原酶主要是细菌胶原酶，细菌胶原酶可分泌到胞外，通过发酵可大量获得，微生物来源的胶原酶在应用方面具有更广的应用范围[8]。目前，国内外已发现溶组织梭菌、溶藻弧菌等微生物能产生胶原蛋白酶，并不断发现新的产胶原蛋白酶的微生物[9]。来自溶组织梭菌、溶藻弧菌等以致病菌为主的胶原蛋白酶已有研究，但使用受限。

本次实验的目的在于从自然界中分离、筛选鉴定高产胶原酶的细菌，并考察探究其最佳发酵条件。以期丰富胶原蛋白酶产生菌资源，为开发和运用该菌生产骨胶原蛋白酶奠定基础。

1 材料与方法

1.1 仪器与设备

TGL-16G 离心机，MS2 旋涡混和器，Haier 冰箱，DNP-9272 型电热恒温培养箱，HZQ-F 全温振荡培养箱，洁净工作台，BS210S 电子天平，CX210FS1 生物显微镜，YX-280A 手提式不锈钢蒸汽消毒器，DK-98-1 型电热恒温水浴锅，微量加样器，DHG-9246A 型电热恒温鼓风干燥箱，WXZ-UV-2102 紫外可见分光光度计，酸度计，以及离心管，EP 管，培养皿接种环(针)等。

1.2 样品

绍兴、上虞的畜肉市场屠宰场等处采集的土样、水样，农村餐厨垃圾、猪蹄店垃圾。

1.3 培养基及试剂

1.3.1 培养基

种子培养基(1 000 mL)：

牛肉膏	5 g	NaCl	5 g
蛋白胨	10 g	pH7.2～7.4	

富集培养基(1 000 mL)：

明胶	1 g	NaCl	5 g
蛋白胨	5 g	pH7.2～7.5	

初筛培养基(1 000 mL)：

明胶	20 g	NaCl	0.1 g
蛋白胨	5 g	KH_2PO_4	0.5 g
$MgSO_4 \cdot 7H_2O$	0.2 g	pH7.2～7.5	

复筛培养基(1 000 mL)：

葡萄糖	20 g	酵母粉	1.5 g
胰蛋白胨	10 g	$CaCl_2$	0.05 g
pH7.0～7.2			

固体培养基：在上述液体培养基中加入 2.0%琼脂，即成相应固体培养基。

1.3.2 材料及试剂

猪皮(绍兴菜市场买)，水合茚三酮，抗坏血酸，乙酸，乙酸钠，无水乙醇，$HgCl_2$，盐酸，乙二醇甲醚，牛肉膏，蛋白胨，明胶，NaCl，KH_2PO_4，$MgSO_4 \cdot 7H_2O$，葡萄糖，玉米粉，豆饼粉，甘露醇，尿素等(试剂均为分析纯试剂)。

酸性汞试剂配法：$HgCl_2$ 15 g，浓盐酸 20 g，加蒸馏水定容至 100 mL。

1.4 制备土样，水样稀释液

取样品 2 g 或 2 mL，用生理盐水 18 mL 浸泡摇匀后放置 10 min，在沸水浴中处理 5 min，冷却后按 0.5%的量取悬浮液，接种至富集培养基中，180 r/m，37℃摇瓶培养 2 d。

将富集培养液梯度稀释：取 8 支试管各装 9 mL 蒸馏水，依次编号，灭菌，无菌操作下取 1 mL 富集培养液加入 1 号管中充分混匀，再从 1 号管中取 1 mL 混合液加入 2 号管中混匀，再从 2 号管中取 1 mL 混合液加入 3 号管中混匀……以此类推制成 10^{-6}、10^{-7}、10^{-8}不同稀释度的土样、水样稀释液。

1.5 菌种的初筛[9-11]

取 10^{-6}，10^{-7}，10^{-8}三个梯度的稀释液各 50 μL 涂布初筛平板，每一浓度做三个平行，涂布均匀后放入 37℃温箱中培养约 24 h。观察菌落生长情况，选取具有隐约透明圈的菌落，转接平板，编号记录。

将初筛菌点种于初筛平板上，在 37℃恒温箱中培养 24 h，在平板菌落周围滴加酸性汞试剂，挑选 D(明胶水解圈)/d(菌落直径)比值较大的菌株于筛选平板划线至纯种，编号并接种至斜面 4℃冰箱中保存。

挑取明胶水解圈与菌落直径比值较大的菌株，分别接种于种子培养基中，37℃培养 2 d。剪取各约 0.5 g 重的新鲜猪皮，灭菌后装入试管，每管加入各菌种子培养液上清液各 2 mL(4 000 r/m 离心 10 min),并标上对应的号,另取一管加入 2 mL 无菌种子培养基作为对照,盖上棉塞,室温放置 2 d,期间每 12 h 摇动一次。2 d 后取出猪皮进行对照观察。

取消化猪皮效果较好的菌株进行复筛。

1.6 菌种的复筛[9-14]

1.6.1 粗酶液的制备

将消化猪皮效果较好的各菌株分别取一环,接种于 150 mL 的种子培养基中,摇瓶培养 24 h,再按 0.5%的接种量接种到 150 mL 的复筛培养基中,37℃,180 r/min 摇瓶培养 48 h。培养液 4 000 rpm,10 min 离心后,取上清液测定胶原蛋白酶活力。

1.6.2 溶液制备

还原茚三酮,茚三酮显色液,2 mol/L pH5.4 乙酸缓冲液,60%乙醇溶液,0.01 mol/L盐酸等的制备。

1.6.3 胶原酶活力测定

(1) 标准曲线的制定

先配成 0.3 μmol/mL 的甘氨酸备用,取 6 支试管按表Ⅰ-1 编上号加样。

表Ⅰ-1 甘氨酸标准曲线

试管号	0	1	2	3	4	5
甘氨酸(mL)	0	0.25	0.5	0.75	1	1.25
蒸馏水(mL)	1.5	1.25	1.0	0.75	0.5	0.25
浓度(μmol/mL)	0	0.05	0.1	0.15	0.2	0.25

将 1 mL 含上述浓度的甘氨酸溶液与 1 mL,2 mol/L 乙酸缓冲液充分混匀,加入 1 mL 茚三酮显色溶液,充分混合后,盖住试管口,在 100℃ 水浴中加热 15 min,用自来水冷却。放置 5 min~10 min 后,加入 3 mL 60%乙醇稀释。充分混匀后,570 nm 处比色。

(2) 酶活的测定

以配制好的 0.2%的明胶为底物;将上述准备好的酶液稀释 400 倍。

反应体系为:0.2%的明胶 300 μL,0.1 mol/L pH7.5 TrisHCl(含4 mmol/L

$CaCl_2$)200 μL,酶液 100 μL,37℃反应 30 min,等体积(600 μL)0.01 mol/L盐酸终止反应,以先加终止液的相同反应物为对照,加入 1.2 mL,2 mol/L乙酸缓冲液充分混匀,再加入 1.2 mL 茚三酮显色溶液,充分混合后,盖住试管口,在 100℃水浴中加热 15 min,用自来水冷却。放置 5 min~10 min 后,加入 3.6 mL 60%乙醇稀释。充分混匀后,570 nm 处比色。茚三酮显色法测定反应所释放的水溶性氨基酸、短肽,以甘氨酸显色制定标准曲线。

酶活力单位定义为:在 37℃,pH7.5 条件下,1 mL 酶液每分钟水解胶原产生相当于 1 μmol 甘氨酸的酶量为 1 个酶活力单位(U)。

选取酶活最高的菌株进行下面的实验。

1.7 细菌鉴定

1.7.1 菌体形态观察

将菌接种到初筛平板上 37℃培养 24 h,观察菌落形态,并做芽孢染色和革兰氏染色[15]。

1.7.2 生理生化试验

根据分离菌的菌落和菌体形态,芽孢的有无和着生情况,以及生理生化反应,按东秀珠《常见细菌系统鉴定手册》进行生理生化试验[16]。

1.7.3 16S rDNA 的 PCR 扩增

生物细胞 DNA 分子的一级结构中既具有保守的片段,又具有变化的碱基序列,保守的片段反映了生物物种间的亲缘关系,而高变片段则能表明物种间的差异.这些核苷酸序列则是不同分类级别生物(如科、属、种)鉴定的分子基础,以 16S rDNA 为聚合酶链式反应(PCR)扩增的靶分子进行细菌快速分类鉴定,与其他细菌鉴定方法比较,具有高效、准确、简便、特异性强的优点[17]。

采用 TaKaRa MiniBEST Bacterial Genomic DNA Extraction Kit (DV810A)提取基因组,采用 TaKaRa 16S rDNA BacterialIdentification PCR Kit(D310)扩增供试菌的 16S rDNA 片段,其中引物为

引物名称	引物序列
Seq forward	5′-GAGCGGATAACAATTTCACACAGG-3′
Seq reverse	5′-CGCCAGGGTTTTCCCAGTCACGAC-3′
Seq internal	5′-CAGCAGCCGCGGTAATAC-3′

扩增的反应体系及循环参数如下所示。

循环参数如下：

94℃	预变性	5 min	
94℃	变性	1 min	30 循环
55℃	退火	1.5 min	
72℃	延伸	1 min	
72℃	末端延伸	5 min	
4℃	保温处理		

PCR 扩增产物进行琼脂糖凝胶电泳，使用 TaKaRa A garo se Gel DNAPu rif icat ion Kit V er. 2.0（DV805A）切胶回收目的片段，取切胶回收的目的片段，琼脂糖凝胶电泳检测纯化产物的浓度和大小后，宝生物公司测序，测序结果采用 contig1 软件进行拼接，拼接结果进入美国 NCBI 进行 BLAST，并运用 Clustal1 进行多重序列对比，并用 MEGA4 软件，按 Neighbo r-Joining 法构建系统发育树。

1.8 实验室发酵条件优化

1.8.1 菌种生长曲线与产酶曲线绘制

将目的菌株接种至种子培养基(25 mL)中，37℃，180 r/min，培养 18 h 后得到种子液，按 5%接种量接种到内装 100 mL 发酵培养基中，37℃，180 r/min 培养至 48 h，期间每隔一定的时间（6 h）定期取样 1 mL，4℃低温离心(4 000 r/min，10 min)后取上清液测定酶活，绘制时间——酶活曲线，并确定最佳发酵时间。每个实验做三个平行样。

1.8.2 不同碳源对菌株产酶的影响

将目的菌株接种至种子培养基(25 mL)中，37℃，180 r/min，培养 18 h 后得到种子液，按 5%接种量接种到内装 100 mL 不同碳源（麦芽糖，蔗糖，葡萄糖，甘露醇，玉米粉分别替换原碳源成分）发酵培养基中，37℃，180 r/min 培养至最佳发酵时间，4℃低温离心（4 000 r/min，10 min)后取上清液测定酶活，确定最佳碳源，每个实验做三个平行样。

1.8.3 不同氮源对菌株产酶的影响

以 1.8.2 得出的最佳碳源为碳源，分别以不同氮源（尿素、酵母膏、牛肉膏、蛋白胨、豆饼粉）替换发酵培养基中原氮源成分，按 1.7.2 的方法确定最佳氮源。每个实验做三个平行样。

1.8.4 发酵温度对菌株产酶的影响

以 1.8.2 得出的最佳碳源为碳源，1.8.3 得出的最佳氮源为氮源，在不同的发酵温度（27℃、32℃、37℃、42℃、47℃）下，按确定最佳发酵温度，每个实验做三个平行样。

1.8.5 摇瓶发酵优化因素与水平设计

改变 1.8 中确定的最佳条件中，发酵培养基最佳碳源浓度，最佳氮源浓度，装液量、pH 进行 L9(3^4)正交实验，因素水平表如下：

表Ⅰ-2 正交实验因素水平表

水平	A 碳源(%)	B 氮源(%)	C 装液量(mL)	D pH
1	0.5	0.5	20	6
2	1	1	50	7
3	1.5	2	100	8

2 结果与分析

2.1 胶原蛋白酶产生菌的初筛

从绍兴、上虞的肉市场、农村宰猪厂等处采集土样、水样共 6 份，经生理盐水浸泡，明胶富集培养后，梯度稀释涂布于初筛平板上。共分离到 22 株产明胶酶菌株。照片及编号：A1～A7，B1～B7，C1～C8，22 株菌在初筛平板上点种结果如下：

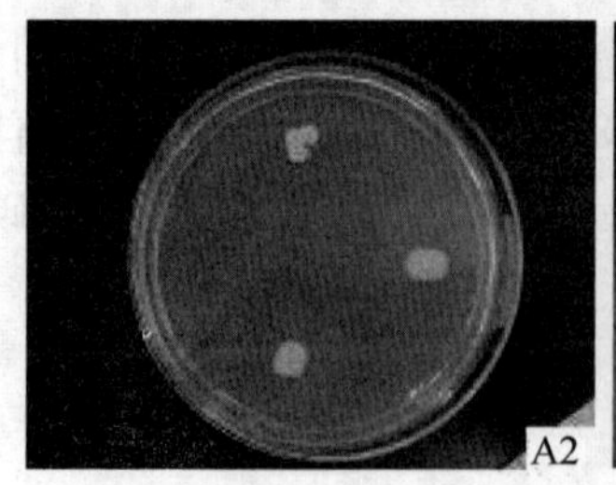

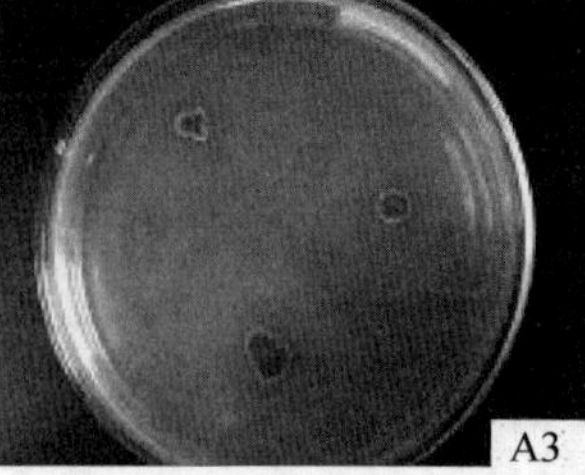

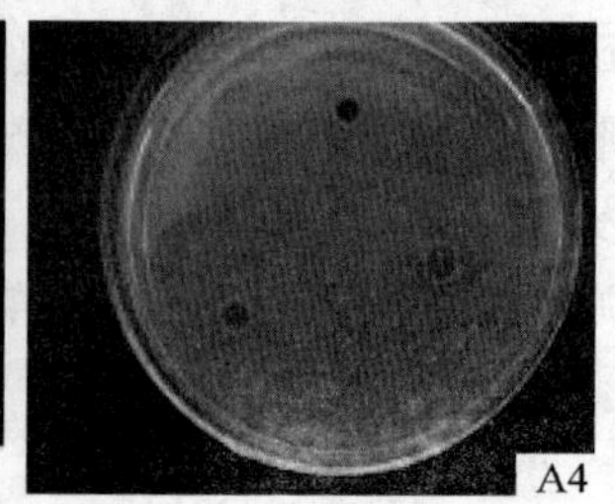

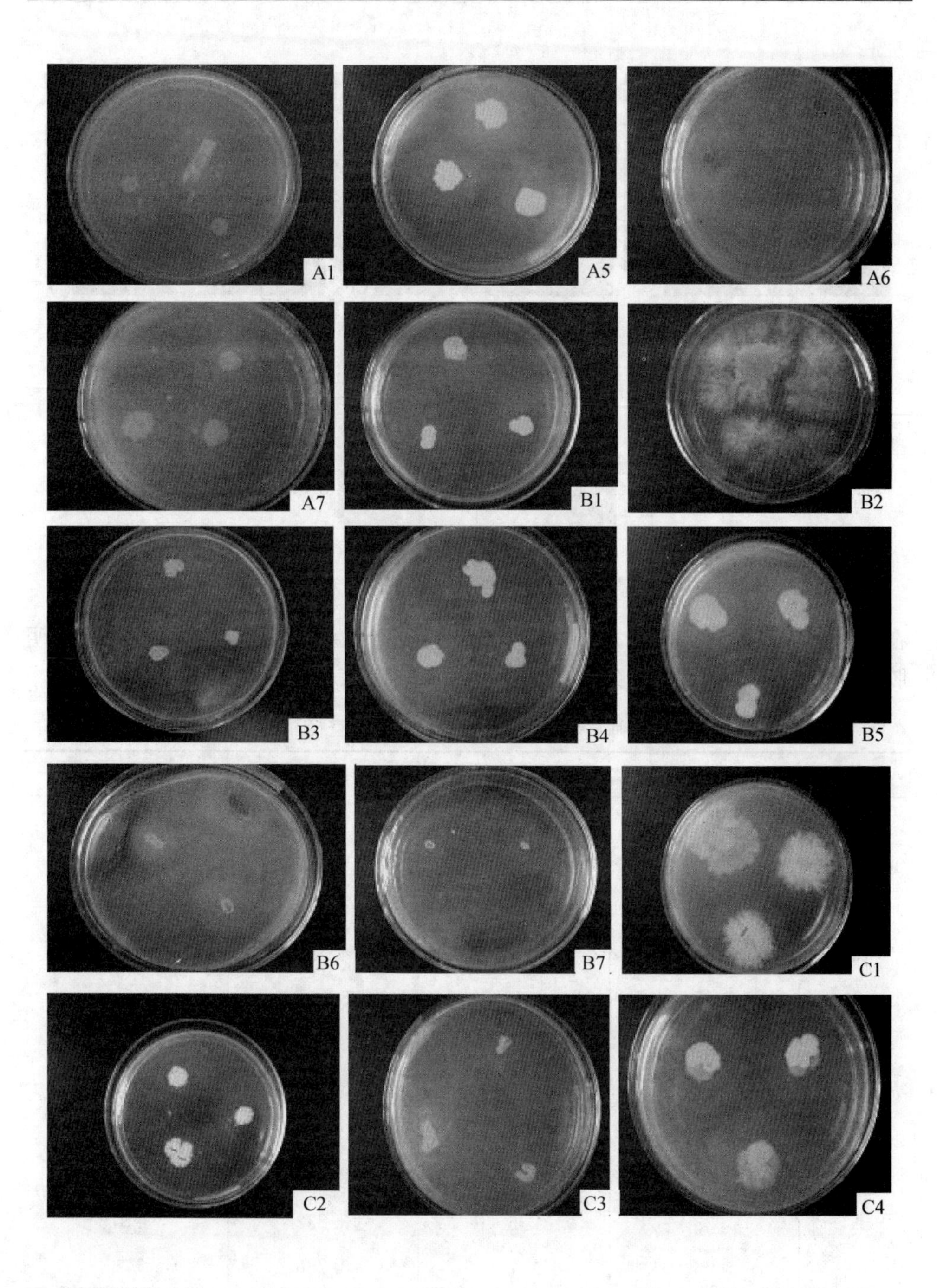
A1
A5
A6
A7
B1
B2
B3
B4
B5
B6
B7
C1
C2
C3
C4

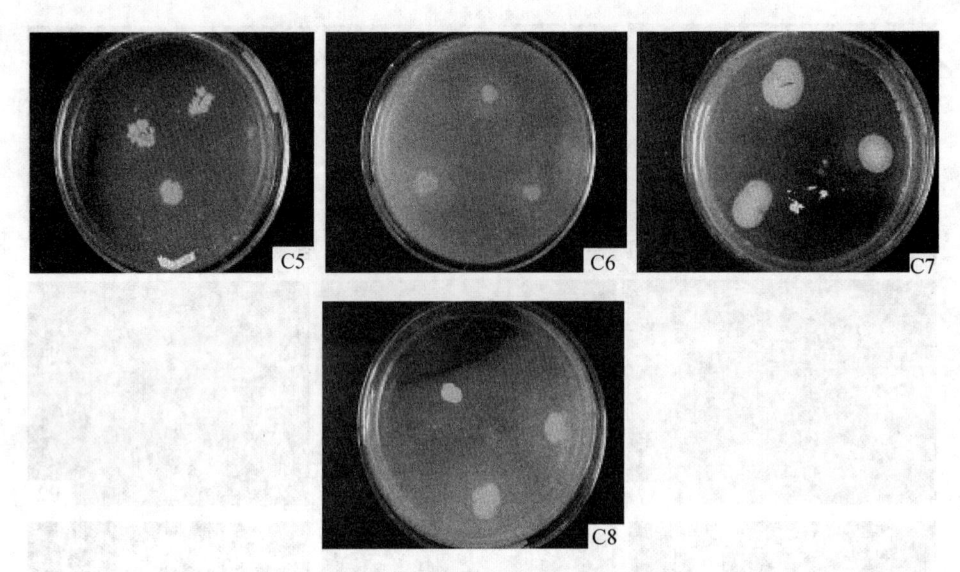

图Ⅱ-1　22株菌在初筛平板上点种结果

在平板菌落周围滴加酸性汞试剂，测 D(明胶水解圈)，d(菌落直径)以及 D(明胶水解圈)/d(菌落直径)，结果如表Ⅱ-1所示：

表Ⅱ-1　22株初筛菌 D(明胶水解圈)，d(菌落直径)，以及 D/d 比值

菌株号	D/cm	d/cm	D/d	D/d 平均值
A1	25	5	5.000	4.933
	20	4	5.000	
	24	5	4.800	
A2	34	8	4.250	3.718
	47	14	3.357	
	39	11	3.545	
A3	27	8	3.375	2.883
	26	9	2.889	
	31	13	2.385	
A4	23	6	3.833	3.873
	23	7	3.286	

（续表）

菌株号	D/cm	d/cm	D/d	D/d 平均值
A5	27	6	4.500	3.394
	35	11	3.182	
	33	9	3.667	
A6	40	12	3.333	5.517
	24	5	4.800	
	25	5	5.000	
A7	27	4	6.750	2.796
	25	9	2.778	
	35	12	2.917	
B1	35	13	2.692	4.042
	30	8	3.750	
	27	6	4.500	
B2	31	8	3.875	3.395
	43	15	2.867	
	42	12	3.500	
B3	42	11	3.818	5.833
	24	4	6.000	
	23	4	5.750	
B4	23	4	5.750	4.283
	18	5	3.600	
	20	5	4.000	
B5	21	4	5.250	2.744
	19	5	3.800	
	18	8	2.250	
B6	24	11	2.182	2.774
	22	8	2.750	
	18	6	3.000	

（续表）

菌株号	D/cm	d/cm	D/d	D/d 平均值
B7	18	7	2.571	5.569
	26	3	8.667	
	24	4	6.000	
C1	49	24	2.042	2.355
	38	16	2.375	
	40	18	2.222	
C2	37	15	2.467	3.727
	30	6	5.000	
	34	11	3.091	
C3	34	11	3.091	4.361
	34	8	4.250	
	33	9	3.667	
C4	31	6	5.167	3.618
	36	10	3.600	
	35	9	3.889	
C5	37	11	3.364	3.558
	27	5	5.400	
	26	9	2.889	
C6	31	13	2.385	3.007
	19	5	3.800	
	16	8	2.000	
C7	29	9	3.222	2.865
	41	12	3.417	
	36	16	2.250	
C8	41	14	2.929	3.497
	38	10	3.800	
	36	10	3.600	
	34	11	3.091	

2.2 猪皮消化实验

各菌对新鲜猪皮室温消化的结果(图Ⅱ-2)。比较发现 A1、A2、A5、A6、A7、B1、B2、B3、B4、B7、C3 这 11 株菌对猪皮消化效果最好,而加无菌种子培养的对照组,猪皮则无明显变化。说明这 11 株菌上清液中确有能消化猪皮的酶,而猪皮中含有大量的胶原蛋白,可以判定 11 株菌产生了胶原蛋白酶,而且效果很好。

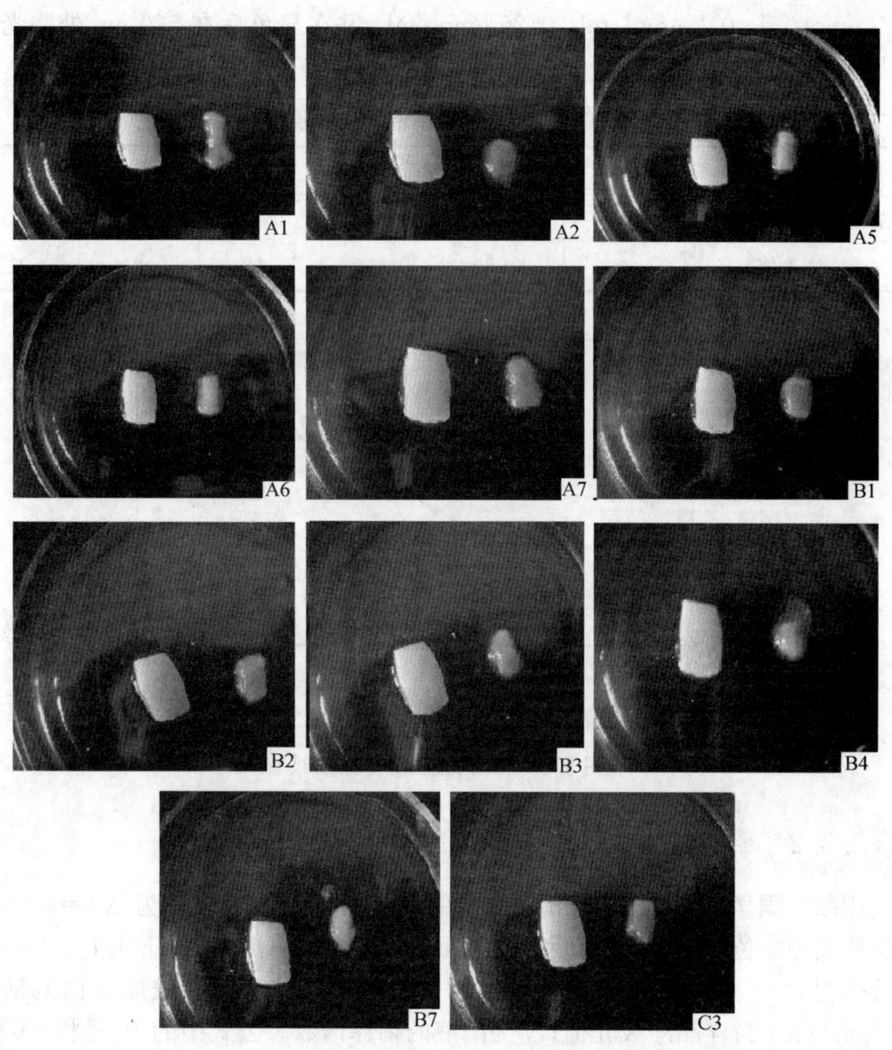

图Ⅱ-2 猪皮消化实验对照结果

(图中培养皿左边为对照猪皮,右边为分别被 11 株菌消化了的猪皮)

2.3 酶活力测定

2.3.1 甘氨酸浓度标准曲线绘制

本研究是以茚三酮显色法测定酶反应释放氨基酸或短肽的量为标准测定胶原蛋白酶活性的，因此先进行了茚三酮显色法测定已知甘氨酸浓度，以此作出标准曲线。将甘氨酸标准液依次稀释为 0.05 μmol/mL，0.1 μmol/mL，0.15 μmol/mL，0.2 μmol/mL，0.25 μmol/mL，并在显色后在 570 nm 处测光密度吸收值，结果见下表Ⅱ-2 和图Ⅱ-3。

表Ⅱ-2　甘氨酸标准液的光吸收值

试管号:	0	1	2	3	4	5
浓度(μmol /mL)	0	0.05	0.1	0.15	0.2	0.25
测得 A 值	0	0.069	0.119	0.184	0.239	0.317

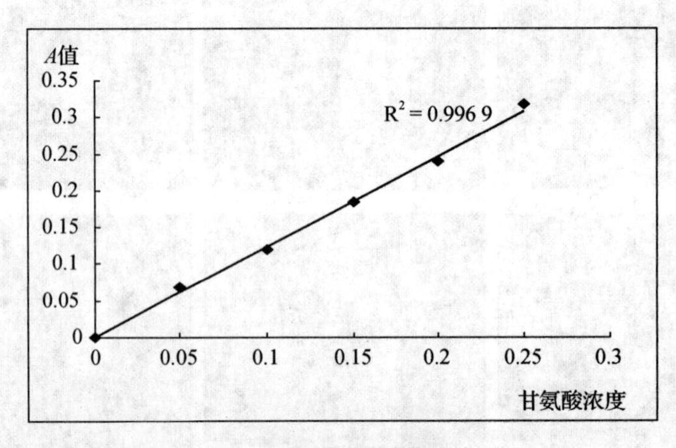

图Ⅱ-3　甘氨酸浓度标准曲线

2.3.2 酶活测定

用茚三酮显色法在 570 nm 处测定的酶液的光密度吸收值为 $\Delta A=0.342$，根据酶活力单位的定义，计算后分别得到 11 株菌的酶活力(见下表Ⅱ-3)。计算公式是：$U=(\Delta A-0.005\,8)/2.492\,6/30\cdot N\cdot 10$($U$ 为胶原蛋白酶活力(U/mL)；ΔA 为样品净吸光值；N 为酶液的稀释倍数。公式中的 10 是将100 μL 酶液换算成 1 mL)。

表Ⅱ-3 11株菌胶原蛋白酶活测定结果

菌株编号	酶活(U/mL)
A1	11.22
A2	10.76
A5	13.34
A6	12.17
A7	14.32
B1	12.52
B2	12.76
B3	17.98
B4	12.58
B7	15.12
C3	9.89

由上可知,编号为B3的菌株酶活最高,达17.98 U/mL。选取B3进行发酵条件的研究。

2.4 菌种的鉴定

2.4.1 菌落形态

挑取B3接于初筛平板上37℃培养24 h,菌落呈白色,圆形边缘皱缩,不透明。滴加酸性汞试剂能产生透明水解圈,菌落直径约0.40 cm,透明水解圈直径约2.30 cm,见图Ⅱ-4。

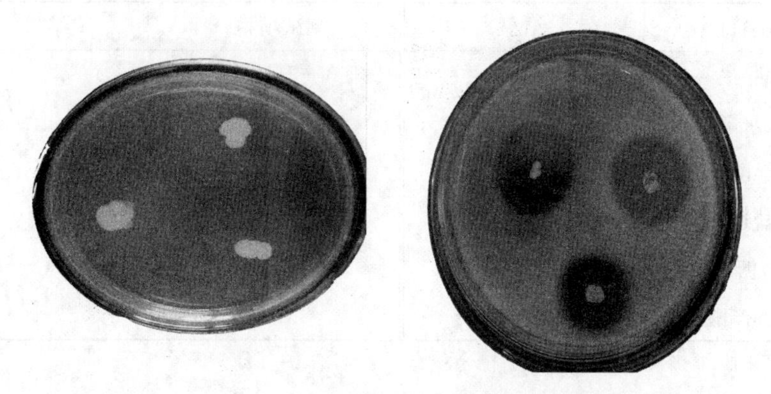

图Ⅱ-4 菌株B3点种菌落及水解图
(左为点种平板菌落,右为平板菌落水解圈)

2.4.2　显微镜观察

图Ⅱ-5　显示菌株B3为革兰氏阳性的杆状菌。

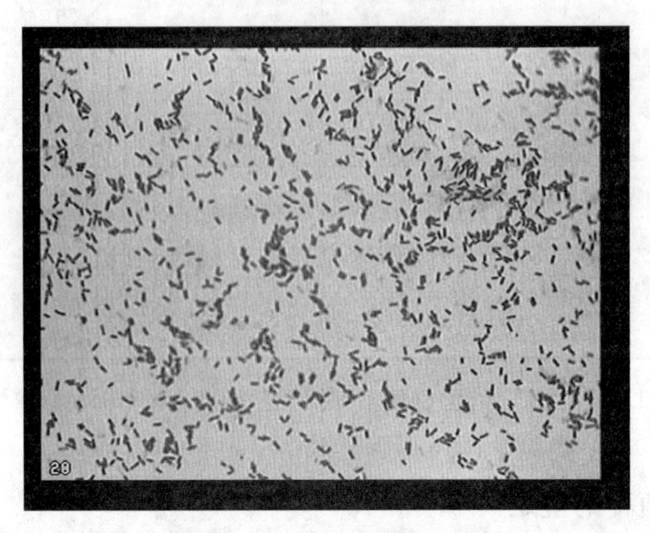

图Ⅱ-5　菌株B3革兰氏染色

2.4.3　生化鉴定

菌株B3的生理生化结果见表Ⅱ-3

表Ⅱ-3　菌株B3鉴定结果

测试项目	结果	测试项目	结果
吲哚	—	V-P试验	+
酪素水解	+	淀粉水解	+
接触酶	+	柠檬酸盐利用	+
硝酸盐还原	+	葡萄糖产酸	+
D-甘露糖产酸	+	乳糖产酸	—
甘露醇产酸	+	MR	—

注："+"阳性；"-"阴性。

2.4.4　16S rDNA的扩增

16S rDNA PCR扩增产物经1%的琼脂糖凝胶电泳分析，结果如图Ⅱ-6。

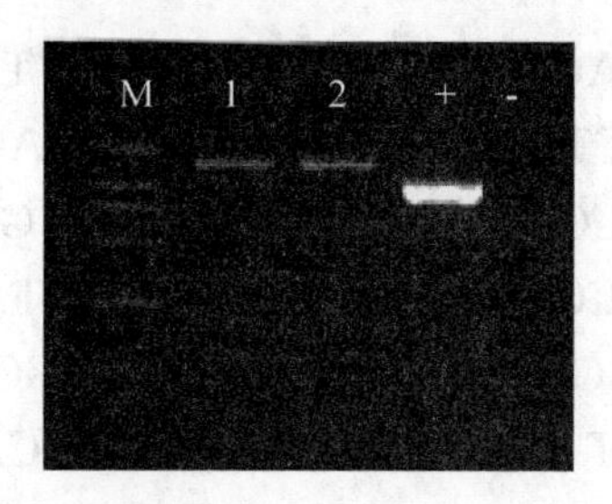

图Ⅱ-6 菌株 B3 16S rDNA 的 PCR 产物电泳图

(DL2 000 DNA Marker 2:CTC328 - R - PCR 产物,+:正对照 一:负对照)

PCR 产物测序结果表明,测序片断长 1 500 bp 左右,具有典型的 16S rDNA 的特征。PCR 产物纯化,宝生物公司测序,contig1 软件进行拼接,发现该枯草芽孢杆菌 16S rDNA 序列长度为 1 463 bp。菌株 B3 的序列基因序列为:

ACGCTGGCGGCGTGCCTAATACATGCAAGTCGAGCGGACAGATG
GGAGCTTGCTCCCTGATGTTAGCGGCGGACGGGTGAGTAACACGTGG
GTAACCTGCCTGTAAGACTGGGATAACTCCGGGAAACCGGGGCTAAT
ACCGGATGCTTGTTTGAACCGCATGGTTCAAACATAAAAGGTGGCTT
CGGCTACCACTTACAGATGGACCCGCGGCGCATTAGCTAGTTGGTGA
GGTAATGGCTCACCAAGGCAACGATGCGTAGCCGACCTGAGAGGGTG
ATCGGCCACACTGGGACTGAGACACGGCCCAGACTCCTACGGGAGGC
AGCAGTAGGGAATCTTCCGCAATGGACGAAAGTCTGACGGAGCAAC
GCCGCGTGAGTGATGAAGGTTTTCGGATCGTAAAGCTCTGTTGTTA
GGGAAGAACAAGTGCCGTTCAAATAGGGCGGCACCTTGACGGTACCT
AACCAGAAAGCCACGGCTAACTACGTGCCAGCAGCCGCGGTAATACG
TAGGTGGCAAGCGTTGTCCGGAATTATTGGGCGTAAAGGGCTCGCAG
GCGGTTTCTTAAGTCTGATGTGAAAGCCCCCGGCTCAACCGGGGAGG
GTCATTGGAAACTGGGGAACTTGAGTGCAGAAGAGGAGAGTGGAAT
TCCACGTGTAGCGGTGAAATGCGTAGAGATGTGGAGGAACACCAGT
GGCGAAGGCGACTCTCTGGTCTGTAACTGACGCTGAGGAGCGAAAGC
GTGGGGAGCGAACAGGATTAGATACCCTGGTAGTCCACGCCGTAAAC
GATGAGTGCTAAGTGTTAGGGGGTTTCCGCCCCTTAGTGCTGCAGCT
AACGCATTAAGCACTCCGCCTGGGGAGTACGGTCGCAAGACTGAAAC
TCAAAGGAATTGACGGGGGCCCGCACAAGCGGTGGAGCATGTGGTTT
AATTCGAAGCAACGCGAAGAACCTTACCAGGTCTTGACATCCTCTGA
CACCCCTAGAGATAGGGCTTCCCCTTCGGGGGCAGAGTGACAGGTGG

TGCATGGTTGTCGTCAGCTCGTGTCGTGAGATGTTGGGTTAAGTCCC
GCAACGAGCGCAACCCTTGATCTTAGTTGCCAGCATTCAGTTGGGCA
CTCTAAGGTGACTGCCGGTGACAAACCGGAGGAAGGTGGGGATGAC
GTCAAATCATCATGCCCCTTATGACCTGGGCTACACACGTGCTACAA
TGGACAGAACAAAGGGCAGCGAGACCGCGAGGTTAAGCCAATCCCA
CAAATCTGTTCTCAGTTCGGATCGCAGTCTGCAACTCGACTGCGTGA
AGCTGGAATCGCTAGTAATCGCGGATCAGCATGCCGCGGTGAATACG
TTCCCGGGCCTTGTACACACCGCCCGTCACACCACGAGAGTTTGTAAC
ACCCGAAGTCGGTGAGGTAACCTTTATGGAGCCAGCCGCCGAAGGTG
GGACAGATGATGGG

将该序列与 GenBank 的核酸数据中进行同源性比对。结果表明，该序列与枯草芽孢杆菌 16S rDNA 同源性为 99%。根据上述形态学、生理生化特性和 16S rDNA 的比对结果，将菌株 B3 鉴定为枯草芽孢杆菌(Bacillus subtilis)。

2.5　单因素试验确定实验室发酵条件

2.5.1　菌体生长曲线与产酶量

B3 菌体生长及发酵培养的过程中不同时间取样测定菌体 OD570 及胶原蛋白酶酶活，作图如下：

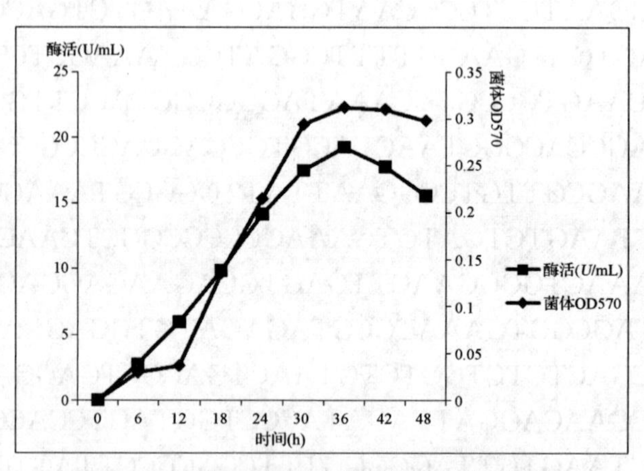

图Ⅱ-7　37℃下菌体生长曲线及相应的酶活

由图Ⅱ-7 可知，B3 在 0～12 h 菌体处于生长的延滞期，在 12～30 h 处于对数生长期，在 36 h 菌体生长达到最高，随后菌体生长量开始下降进入衰亡期。酶活曲线表明，菌体在培养 36 h 左右时酶活最高，结合生长曲线图可知，酶的积累主要发生在对数生长后期，说明对数后期菌体的能量不再用于大量繁殖，主要消耗在其代谢产物的合成上，因此酶的收获应控制在细菌生长的稳定期。

由此可得出结论：发酵培养时间是影响生物量及酶液活力的重要因素。实验结果表明：培养时间过短生物量尚可，但酶液活力较低；培养时间过长酶液活力并无明显提高，反而出现菌体老化、生物量下降的情况。实验为获得较高活性的酶活，因此选用的最佳培养时间是 36 h。

2.5.2 最佳碳源的确定

对发酵液中不同碳源下的 B3 胶原蛋白酶酶活测定结果如图Ⅱ-8 所示。

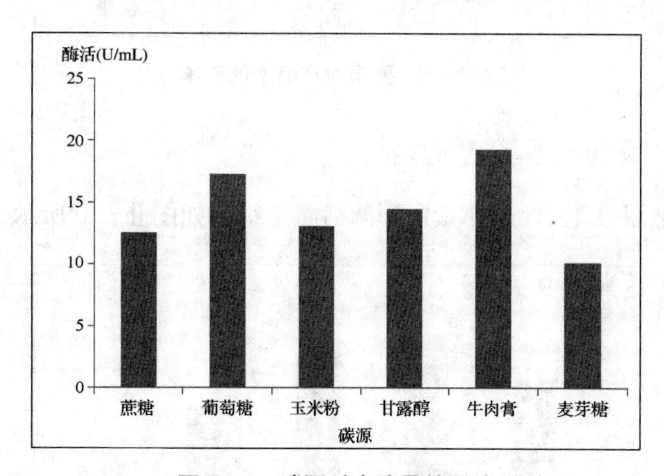

图Ⅱ-8 碳源对产酶量的影响

对异养微生物来说，碳源同时又作为能源，对细菌的生长和发酵影响较大。由图Ⅱ-8 可知，牛肉膏为 B3 的最佳碳源，麦芽糖最次，蔗糖，葡萄糖，玉米粉、甘露醇都可以作为有效碳源促进 B3 胶原蛋白酶的合成，考虑到成本，工业生产上可以玉米粉作碳源。

2.5.3 最佳氮源的确定

对发酵液中不同氮源下的 B3 胶原蛋白酶酶活测定结果如图Ⅱ-9 所示。

从图Ⅱ-9 可知，B3 以蛋白胨为氮源时产生的胶原蛋白酶酶活最高，尿素最低。说明有机氮源酵母膏、牛肉膏、豆饼粉有利于胶原蛋白酶的合成；而无机氮源尿素则不利于胶原蛋白酶的合成。原因可能是蛋白胨中含有较多的菌体生长及酶必需的因子，更有利于合成胶原蛋白酶。

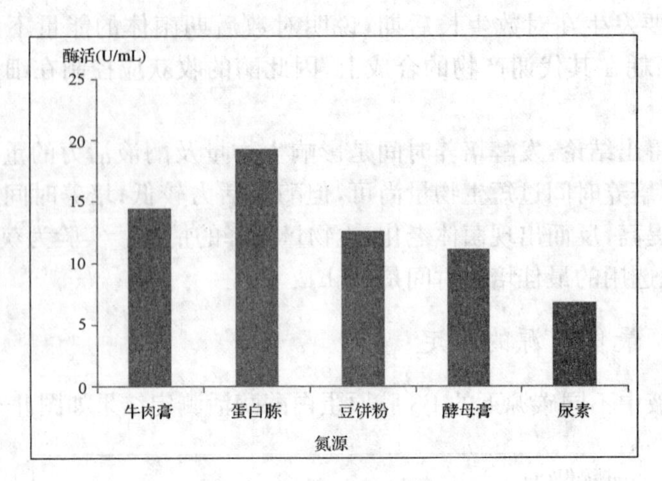

图Ⅱ-9　氮源对产酶量的影响

2.5.4　最佳发酵温度的确定

不同发酵温度下B3胶原蛋白酶酶活测定结果如图Ⅱ-10所示。

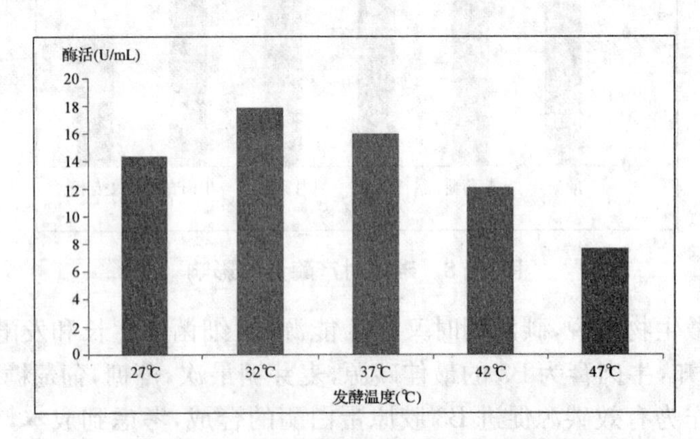

图Ⅱ-10　不同发酵温度对产酶量的影响

温度对产酶的影响主要表现在发酵前期影响菌体的生长，在发酵的中期影响酶的合成。因此，维持菌体的生长和产物的形成所需要的最适温度是提高产酶水平的重要条件。由图Ⅱ-10可知，随着温度升高，酶活先增加后降低，在32℃时酶活达到高，即在较高或较低的发酵温度下，菌株产酶活性较低。因此，B3最适发酵温度选用32℃。

2.5.5 发酵优化正交实验结果

表Ⅱ-4 正交实验结果

序号	A 碳源(%)	B 氮源(%)	C 装液量(mL)	D pH	酶活(U/mL)
1	1	1	1	1	13.38
2	1	2	2	2	17.89
3	1	3	3	3	20.17
4	2	1	2	3	17.22
5	2	2	3	1	18.11
6	2	3	1	2	17.98
7	3	1	3	2	19.92
8	3	2	1	3	20.12
9	3	3	2	1	23.39
K1	51.44	50.52	51.48	54.88	
K2	53.31	56.12	58.5	55.79	
K3	63.43	61.54	58.2	57.51	
K1 平均值	17.146 67	16.84	17.16	18.293 33	
K2 平均值	17.77	18.706 67	19.5	18.596 67	
K3 平均值	21.143 33	20.513 33	19.4	19.17	
R	3.996 66	3.673 33	2.34	0.876 67	
因数主次:A>B>C>D					
最优组合(根据酶活):A3B3C2D3					

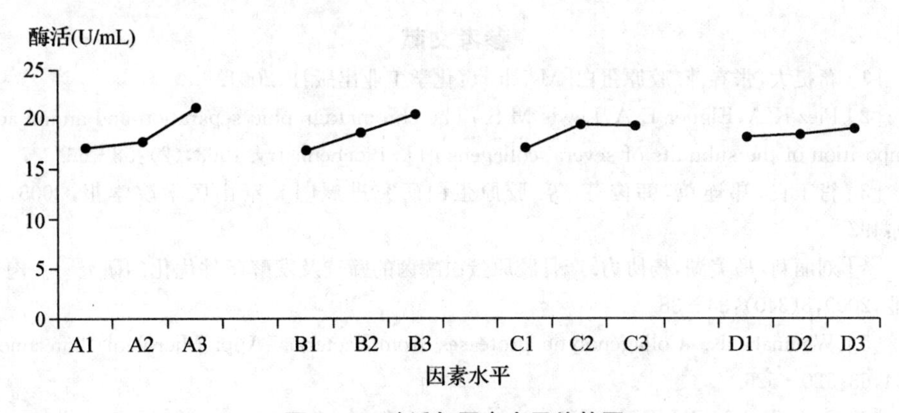

图Ⅱ-8 酶活与因素水平趋势图

综合表Ⅱ-4和图Ⅱ-8的四个因数各因素价差分析可知，发酵过程中四个因素对B3胶原蛋白酶酶活作用大小依次为：碳源＞氮源＞装液量＞pH。四个因素最佳发酵产酶即是：A3B3C2D3，采用碳源（牛肉膏）浓度为1.5%、氮源（蛋白胨）浓度2.0%、装液量50 mL、pH8.0。结合单因素试验结果，B3胶原蛋白酶的最佳发酵温度为32℃，最佳发酵时间为36 h。按照1.7.2的方法，在最佳发酵条件下，测定B3胶原蛋白酶酶活达25.12 U/mL。

2.5.6　小结

对菌株B3进行产酶条件优化研究，发现碳源和氮源的种类，以及细菌发酵的时间和发酵温度对酶产量影响最大：菌株B3在36 h菌体生长和酶活达到最高；牛肉膏为最佳碳源，蛋白胨为最佳氮源。菌株B3的最适产酶发酵条件为（%）：牛肉膏1.5%，蛋白胨2%，pH8.0，250 mL三角瓶装液50 mL，32℃，180 r/min摇床培养36 h，酶活最高可达25.12 U/mL。

3　结　论

经过初筛和复筛，从绍兴、上虞的畜肉市场屠宰场等处采集的土样、水样中筛选得到一株高产胶原蛋白酶菌株B3，其产酶水平为17.98 U/mL。经形态学、生理生化特性和16S rDNA的比对结果，将菌株B3鉴定为枯草芽孢杆菌（Bacillus subtilis）。通过对B3发酵条件的优化，确定最佳培养基碳源氮源及含量分别为牛肉膏1.5%，蛋白胨2%，接种量为250 mL三角瓶装液50 mL，起始pH为8.0，发酵温度为32℃，在180 r/min摇床培养36 h，酶活最高可达25.12 U/mL，较优化前酶活提高了39.7%。

参考文献

[1] 蒋挺大，张春萍. 胶原蛋白[M]. 北京：化学工业出版社，2001.

[2] Piez K A, Eigner E A, Lewis M S. The chromatographic separation and amino acid composition of the subunits of several collagens [J]. Biochemistry. 1963, (2): 58-66.

[3] 肖玉良，郑连英，韩俊芬，等. 胶原蛋白研究进展[J]. 泰山医学院学报，2005，26(5)：493.

[4] 刘丽莉，马美湖，杨协力. 产骨胶原蛋白酶菌的筛选及发酵条件优化的研究[J]. 肉类工业，2009，8(340)：34-38.

[5] Watanabe K. Collagenolytic proteases from bacteria. Appl Microbiol Biotechnol, 2004, 63: 520-526.

[6] Park PJ, Lee SH, Byun GH, et al. Purification and characterization of a collagenase

mackerel, Scomber japonicus. J Biochem Mol Biol, 2002, 35(6): 5765 - 5782.

[7] Kanth SV, Venba R, Madhan B, et al. Studies on the influence of bacterial collagenase in leather dyeing. DyesPigm, 2008, 76(2): 338 - 347.

[8] Kumar CG, Takagi H. Microbial alkaline proteases: from abioindustrial viewpoint. Biotechnol Adv, 1999, 17(7): 561 - 594.

[9] 张娟,刘书亮,吴琦,等. 产弹性蛋白酶芽孢杆菌的筛选与鉴定[J]. 四川农业大学学报,2007,25(3):253 - 261.

[10] 吴琦,李军,李陈,等. 一株产胶原蛋白酶短小芽孢杆菌的分离与鉴定[J]. 中国皮革,2007,36(17):15 - 17.

[11] 杨光垚,谢君,徐宁. 具胶原蛋白活性铜绿假单胞菌的筛选[J]. 微生物学通报,2004,31(5):43 - 47.

[12] 张龙翔. 生化实验方法和技术[M]. 北京:高等教育出版社,1997,163.

[13] 李陈,吴琦,陈惠. 胶原蛋白酶活性的测定方法[J]. 中国皮革,2008,37(11):24 - 25.

[14] 沈萍,范秀容,李广武. 微生物学实验[M]. 北京:高等教育出版社,1996,28 - 30.

[15] 东秀珠,蔡妙英. 常见细菌系统鉴定手册[M]. 北京:科学出版社,2001,349 - 398.

[16] 龙雯,陈存社. 16S rRNA 测序在细菌鉴定中的应用[J]. 北京工商大学学报(自然科学版),2006,24(5):10 - 12.

第四部分 附 录

附录1 常用培养基配制

1. 牛肉膏蛋白胨培养基(用于细菌培养)

牛肉膏 3 g,蛋白胨 10 g,NaCl 5 g,水 1 000 mL,pH7.4～7.6

2. 高氏1号培养基(用于放线菌培养)

可溶性淀粉 20 g,KNO_3 1 g,NaCl 0.5 g,$K_2HPO_4 \cdot 3H_2O$ 0.5 g,$MgSO_4 \cdot 7H_2O$ 0.5 g,$FeSO_4 \cdot 7H_2O$ 0.01 g,水 1 000 mL,pH7.4～7.6。

配制时注意,可溶性淀粉要先用冷水调匀后再加入到以上培养基中。

3. 马丁氏(Martin)培养基(用于从土壤中分离真菌)

K_2HPO_4 1 g,$MgSO_4 \cdot 7H_2O$ 0.5 g,蛋白胨 5 g,葡萄糖 10 g,1/3 000 孟加拉红水溶液 100 mL,水 900 mL,自然 pH,121℃湿热灭菌 30 min。待培养基融化后冷却 55℃～60℃时加入链霉素(链霉素含量为 30 μg/mL).

4. 马铃薯培养基(PDA)(用于霉菌或酵母菌培养)

马铃薯(去皮)200 g,蔗糖(或葡萄糖)20 g,水 1 000 mL

配制方法如下:将马铃薯去皮,切成约 2 cm^2 的小块,放入 1 500 mL 的烧杯中煮沸 30 min,注意用玻棒搅拌以防糊底,然后用双层纱布过滤,取其滤液加糖,再补足至 1 000 mL,自然 pH。霉菌用蔗糖,酵母菌用葡萄糖。

5. 察氏培养基(蔗糖硝酸钠培养基)(用于霉菌培养)

蔗糖 30 g,$NaNO_3$ 2 g,K_2HPO_4 1 g,$MgSO_4 \cdot 7H_2O$ 0.5 g,KCl 0.5 g,$FeSO_4 \cdot 7H_2O$ 0.1 g,水 1 000 mL,pH7.0～7.2

6. Hayflik 培养基(用于支原体培养)

牛心消化液(或浸出液)1 000 mL,蛋白胨 10 g,NaCl 5 g,琼脂 15 g,pH7.8～8.0,分装每瓶 70 mL,121℃湿热灭菌 15 min,待冷却至 80℃左右,每 70 mL 中加入马血清 20 mL,25%鲜酵母浸出液 10 mL,15 醋酸铊水溶液 2.5 mL,青霉素 G 钾盐水溶液(20 万单位以上)0.5 mL,以上混合后倾注平板.

注意:醋酸铊是极毒的药品,需特别注意安全操作.

7. 麦氏(McCLary)培养基(醋酸钠培养基)

葡萄糖 0.1 g,KCl 0.18 g,酵母膏 0.25 g,醋酸钠 0.82 g,琼脂 1.5 g,蒸馏水 100 mL。溶解后分装试管,115℃湿热灭菌 15 min。

8. 葡萄糖蛋白胨水培养基(用于 V－P 反应和甲基红试验)

蛋白胨 0.5 g,葡萄糖 0.5 g,K_2HPO_4 0.2 g,水 100 mL,pH7.2,115℃湿热灭菌 20 min。

9. 蛋白胨水培养基(用于吲哚试验)

蛋白胨 10 g,NaCl 5 g,水 1 000 mL,pH7.2～7.4,121℃湿热灭菌 20 min。

10. 糖发酵培养基(用于细菌糖发酵试验)

蛋白胨 0.2 g,NaCl 0.5 g,K_2HPO_4 0.02 g,水 100 mL,溴麝香草酚蓝(1%水溶液)0.3 mL,糖类 1 g。

分别称取蛋白胨和 NaCl 溶于热水中,调 pH 至 7.4,再加入溴麝香草酚蓝(先用少量 95%乙醇溶解后,再加水配成 1%水溶液),加入糖类,分装试管,装量 4 cm～5 cm 高,并倒放入一杜氏小管(管口向下,管内充满培养液)。115℃湿热灭菌 20 min。灭菌时注意适当延长煮沸时间,尽量把冷空气排尽以使杜氏小管内不残存气泡。常用的糖类,如葡萄糖、蔗糖、甘露糖、麦芽糖、乳糖、半乳糖等(后两种糖的用量常加大为 1.5%)。

11. RCM 培养基(强化梭菌培养基)(用于厌氧菌培养)

酵母膏 3 g,牛肉膏 10 g,蛋白胨 10 g,可溶性淀粉 1 g,葡萄糖 5 g,半胱氨酸盐酸盐0.5 g,NaCl 3 g,NaAc 3 g,水 1 000 mL,pH8.5,刃天青 3 mg/L,121℃湿热灭菌30 min。

12. TYA 培养基(用于厌氧菌培养)

葡萄糖 40 g,牛肉膏 2 g,酵母膏 2 g,胰蛋白胨(bacto-typetone)6 g,醋酸铵 3 g,KH_2PO_4 0.5 g,$MgSO_4 \cdot 7H_2O$ 0.2 g,$FeSO_4 \cdot 7H_2O$ 0.01 g,水 1 000 mL,pH6.5,121℃湿热灭菌30 min。

13. 玉米醪培养基(用于厌氧菌培养)

玉米粉 65 g,自来水 1 000 mL,混匀,煮 10 min 成糊状,自然 pH,121℃湿热灭菌 30 min。

14. 中性红培养基(用于厌氧菌培养)

葡萄糖 40 g,胰蛋白胨 6 g,酵母膏 2 g,牛肉膏 2 g,醋酸铵 3 g,KH_2PO_4 5 g,中性红0.2 g,$MgSO_4 \cdot 7H_2O$ 0.2 g,$FeSO_4 \cdot 7H_2O$ 0.01 g,水 1 000 mL,pH6.2,121℃湿热灭菌 30 min。

15. $CaCO_3$ 明胶麦芽汁培养基(用于厌氧菌培养)

麦芽汁(6 波美)1 000 mL,水 1 000 mL,$CaCO_3$ 10 g,明胶 10 g,pH6.8,121℃湿热灭菌30 min。

16. BCG 牛乳培养基(用于乳酸发酵)

(A) 溶液:脱脂乳粉 100 g,水 500 mL,加入 1.6%溴甲酚绿(B.C.G)乙醇溶液 1 mL,80℃灭菌 20 min。(B) 溶液:酵母膏 10 g,水 500 mL,琼脂 20 g,pH6.8,121℃湿热灭菌 20 min。以无菌操作趁热将(A)、(B)溶液混合均匀后倒平板。

17. 乳酸菌培养基(用于乳酸发酵)

牛肉膏 5 g,酵母膏 5 g,蛋白胨 10 g,葡萄糖 10 g,乳糖 5 g,NaCl 5 g,水 1 000 mL,pH 6.8,121℃湿热灭菌 20 min。

18. 酒精发酵培养基(用于酒精发酵)

蔗糖 10 g,$MgSO_4 \cdot 7H_2O$ 0.5 g,NH_4NO_3 0.5 g,20%豆芽汁 2 mL,KH_2PO_4 0.5 g,水 100 mL,自然 pH。

19. 柯索夫培养基(用于钩端螺旋体培养)

优质蛋白胨 0.4 g,NaCl 0.7 g,KCl 0.02 g,$NaHCO_3$ 0.01 g,$CaCl_2$ 0.02 g,KH_2PO_4

0.09 g, NaH_2PO_4 0.48 g,蒸馏水 500 mL,无菌兔血清 40 mL。

制法:除兔血清外的其余各成分混合,加热溶解,调 pH 至 7.2,121℃湿热灭菌 20 min,待冷却后,加入无菌兔血清,制成 8%血清溶液,然后分装试管(5 mL～10 mL/管),56℃水浴灭活 1 h 后备用。

20. 豆芽汁培养基

黄豆芽 500 g,加水 1 000 mL,煮沸 1 h,过滤后补足水分,121℃湿热灭菌后存放备用,此即为 50%的豆芽汁,用于细菌培养:10%豆芽汁 200 mL,葡萄糖(或蔗糖)50 g,水 800 mL, pH7.2～7.4。

用于霉菌或酵母菌培养:10%豆芽汁 200 mL,糖 50 g,水 800 mL,自然 pH。霉菌用蔗糖,酵母菌用葡萄糖。

21. LB(Luria-Bertani) 培养基(细菌培养,常在分子生物学中应用)

双蒸馏水 950 mL,胰蛋白胨 10 g, NaCl 10 g,酵母提取物(bacto- yeast extract)5 g,用 1 mol/L NaOH(约 1 mL)调节 pH 至 7.0,加双蒸馏水至总体积为 1 L,121℃湿热灭菌30 min。

含氨苄青霉素 LB 培养基:待 LB 培养基灭菌后冷至 50℃左右加入抗生素,至终浓度为 80 mg/L～100 mg/L。

22. 复红亚硫酸钠培养基(远藤氏培养基)(用于水体中大肠菌群测定)

蛋白胨 10 g,牛肉浸膏 5 g,酵母浸膏 5 g,琼脂 20 g,乳糖 10 g, K_2HPO_4 0.5 g,无水亚硫酸钠 5 g,5%碱性复红乙醇溶液 20 mL,蒸馏水 1 000 mL。

制作过程:先将蛋白胨、牛肉浸膏、酵母浸膏和琼脂加入到 900 mL 水中,加热溶解,再加入 K_2PO_4,溶解后补充水至 1 000 mL,调 pH 至 7.2～7.4。随后加入乳糖,混匀溶解后,于 115℃湿热灭菌 20 min。再称取亚硫酸钠至一无菌空试管中,用少许无菌水使其溶解,在水浴中煮沸 10 min 后,立即滴加于 20 mL 5%碱性复红乙醇溶液中,直至深红色转变为淡粉红色为止。将此混合液全部加入到上述已灭菌的并仍保持融化状态的培养基中,混匀后立即倒平板,待凝固后存放冰箱备用,若颜色由淡红变为深红,则不能再用。

23. 乳糖蛋白胨半固体培养基(用于水体中大肠菌群测定)

蛋白胨 10 g,牛肉浸膏 5 g,酵母膏 5 g,乳糖 10 g,琼脂 5 g,蒸馏水 1 000 mL, pH7.2～7.4,分装试管(10 mL/管),115℃湿热灭菌 20 min。

24. 乳糖蛋白胨培养液(用于多管发酵法检测水体中大肠菌群)

蛋白胨 10 g,牛肉膏 3 g,乳糖 5 g, NaCl 5 g,蒸馏水 1 000 mL,1.6%溴甲酚紫乙醇溶液 1 mL。调 pH 至 7.2,分装试管(10 mL/管),并放入倒置杜氏小管,l15℃湿热灭菌 20 min。

25. 三倍浓乳糖蛋白胨培养液(用于水体中大肠菌群测定)

将乳糖蛋白胨培养液中各营养成分以扩大 3 倍加入到 1 000 mL 水中,制法同上,分装于放有倒置杜氏小管的试管中,每管 5 mL,115℃湿热灭菌 20 min。

26. 伊红美蓝培养基(EMB 培养基)(用于水体中大肠菌群测定和细菌转导)

蛋白胨 10 g,乳糖 10 g, K_2HPO_4 2 g,琼脂 25 g,2%/伊红 Y(曙红)水溶液 20 mL,0.5%美蓝(亚甲蓝)水溶液 13 mL, pH7.4。制作过程:先将蛋白胨、乳糖、K_2HPO_4 和琼脂混匀,加

热溶解后，调 pH 至 7.4，115℃湿热灭菌 20 min，然后加入已分别灭菌的伊红液和美蓝液，充分混匀，防止产生气泡。待培养基冷却到 50℃左右倒平皿。如培养基太热会产生过多的凝集水，可在平板凝固后倒置存于冰箱备用。在细菌转导实验中用半乳糖代替乳糖，其余成分不变。

27. 加倍肉汤培养基(用于细菌转导)

牛肉膏 6 g，蛋白胨 20 g，NaCl 10 g，水 1 000 mL，pH7.4～7.6。

28. 半固体素琼脂(用于细菌转导)

琼脂 1 g，水 100 mL，121℃湿热灭菌 30 min。

29. 豆饼斜面培养基(用于产蛋白酶霉菌菌株筛选)

豆饼 100 g 加水 5～6 倍，煮出滤汁 100 mL，汁内加入 KH_2PO_4 0.1%，$MgSO_4$ 0.05%，$(NH_4)_2SO_4$ 0.05%，可溶性淀粉 2%，pH6，琼脂 2%～2.5%。

30. 酪素培养基(用于蛋白酶菌株筛选)分别配制 A 液和 B 液。

A 液：称取 $Na_2HPO_4 \cdot 7H_2O$ 1.07 g。干酪素 4 g，加适量蒸馏水，并加热溶解。

B 液：称取 KH_2PO_4 0.36 g，加水溶解。

A、B 液混合后，加入酪素水解液 0.3 mL，加琼脂 20 g，最后用蒸馏水定容至 1 000 mL。

酪素水解液的配制：1 g 酪蛋白溶于碱性缓冲液中，加入 1%的枯草芽孢杆菌蛋白酶 25 mL加水至 100 mL，30℃水解 1 h。用于配制培养基时，其用量为 1 000 mL 培养基中加入 100 mL 以上水解液。

31. 细菌基本培养基(用于筛选营养缺陷型)

$Na_2HPO_4 \cdot 7H_2O$ 1 g，$MgSO_4 \cdot 7H_2O$ 0.2 g，葡萄糖 5 g，NaCl 5 g，K_2HPO_4 1 g，水 1 000 mL，pH7.0，115℃湿热灭菌 30 min。

32. YEPD 培养基(用于酵母原生质体融合)

酵母粉 10 g，蛋白胨 20 g，葡萄糖 20 g，蒸馏水 1 000 mL，pH6.0，115℃湿热灭菌 20 min。

33. YEPD 高渗培养基(用于酵母原生质体融合)

在 YEPD 培养基中加入 0.6 mol/L 的 NaCl，3%琼脂。

34. YNB 基本培养基(用于酵母原生质体融合)

0.67%酵母氮碱基(YNB，不含氨基酸，Difco)，2%葡萄糖，3%琼脂，pH6.2。另一配方为：葡萄糖 10 g $(NH_4)_2SO_4$ 1 g，K_2HPO_4 0.125 g，$KHPO_4$ 0.875 g，KI 0.000 1 g，$MgSO_4 \cdot 7H_2O$ 0.5 g，$CaCl_2 \cdot 2H_2O$ 0.1 g，NaCl 0.1 g，微量元素母液 1 mL，维生素母液 1 mL(母液均按常规配制)，水 1 000 mL，pH5.8～6.0。

35. YNB 高渗基本培养基(用于原生质体融合)

在 YNB 基本培养基中加入 0.6 mol/L NaCl。

36. 酚红半固体柱状培养基(用于检查氧与菌生长的关系)

蛋白胨 1 g，葡萄糖 10 g，玉米浆 10 g，琼脂 7 g，水 1 000 mL，pH7.2。在调好 pH 后，加入 1.6%酚红溶液数滴，至培养基变为深红色，分装于大试管中，装量约为试管高度的 1/2，115℃灭菌 20 min。细菌在此培养基中利用葡萄糖生长产酸，使酚红从红色变成黄色，在不同部位生长的细菌,可使培养基的相应部位颜色改变。但注意培养时间太长,酸可扩散以致不能正确判断结果。

以上各种培养基均可配制成固体或半固体状态,只需改变琼脂用量即可,前者为1.5%～2.0%,后者为0.3%～0.8%。

37. 明胶液化培养基

蛋白胨5 g;明胶100～150 g;水1 000 mL;pH7.2～7.4,分装试管,培养基高度约4～5 cm,间歇灭菌或0.73 kg,蒸气灭菌20 min。

附录 2　玻璃器皿及玻片洗涤法

一、玻片洗涤法

细菌染色的玻片，必须清洁无油，清洗方法如下：

1. 新购置的载片，先用 2%盐酸浸泡数h，冲去盐酸。再放浓洗液中浸泡过液，用自来水冲净洗液，浸泡在蒸馏水中或擦干装盒备用。

2. 用过的载片，先用纸擦去石蜡油，再放入洗衣粉液中煮沸，稍冷后取出。逐个用清水洗净，放浓洗液中浸泡 24 h，控去洗液，用自来水冲洗。蒸馏水浸泡。

3. 用于鞭毛染色的玻片，经以上步骤清洗后，应选择表面光滑无伤痕者，浸泡在 95%的乙醇中暂时存放，用时取出，用干净纱布擦去酒精，并经过火焰微热，使残余的酒精挥发，再用水滴检查，如水滴均散开，方可使用。

4. 洗净的玻片，最好及时使用，以免空气中飘浮的油污沾染，长期保存的干净玻片，用前应再次洗涤后方可使用。

5. 盖片使用前，可用洗衣粉或洗液浸泡，洗净后再用 95%乙醇浸泡，擦干备用，用过的盖片也应及时洗净擦干保存。

二、玻璃器皿洗涤法

清洁的玻璃器皿是得到正确实验结果的重要条件之一，由于实验目的不同，对各种器皿的清洁程度的要求也不同。

1. 一般玻璃器皿(如锥形瓶、培养皿、试管等)可用毛刷及去污粉或肥皂洗去灰尘、油垢、无机盐类等物质，然后用自来水冲洗干净。少数实验要求高的器皿，可先在洗液中浸泡数 10 min，再用自来水冲洗。最后用蒸馏水洗 2～3 次。以水在内壁能均匀分布成一薄层而不出现水珠，为油垢除尽的标准。洗刷干净的玻璃仪器烘干备用。

2. 用过的器皿应立即洗刷，放置太久会增加洗刷的困难。染菌的玻璃器皿，应先经 121℃高压蒸汽灭菌 20 min～30 min 后取出，趁热倒出容器内之培养物，再用热肥皂洗刷干净，用水冲洗。带菌的移液管和毛细吸管，应立即放大 5%的石炭酸溶液中浸泡数小时，先灭菌，然后再用水冲洗，有些实验，还需要用蒸馏水进一步冲洗。

3. 新购置的玻璃器皿含有游离碱，一般先用 2%盐酸或洗液浸泡数小时后. 再用水冲洗干净，新的载玻片和盖玻片先浸入肥皂水(或 2%盐酸)内 1 h，再用水洗净. 以软布擦干后浸入滴有少量盐酸的 95%乙醇中，保存备用。已用过的带有活菌的载玻片或盖玻片可先浸在 5%石炭酸溶液中消毒，再用水冲洗干净，擦干后，浸入 95%乙醇中保存备用。

三、洗液的配制

通常用的洗液是重铬酸钾(或重铬酸钠)的硫酸溶液。称为铬酸洗液，其成分是:重铬酸钾 60 g,浓硫酸 460 mL,水 300 mL。配制方法为:重铬酸钾溶解在温水中,冷却后再徐徐加大浓硫酸(比重为 1.84 左右。可以用废硫酸),配制好的溶液呈红色.并有均匀的红色小结晶,稀重铬酸钾溶液可如下配制:重铬酸钾 60 g,浓硫酸 60 mL,水 1 000 mL。铬酸洗液是一种强氧化剂,去污能力很强。常用它来洗去玻璃和瓷质器皿的有饥物质,切不可用于洗涤金属器皿。铬酸洗液加热后,去污作用更强,一般可加热到 45℃~50℃,稀铬酸洗液可煮沸,洗液可反复使用,直到溶液呈青褐色为止。

附录3　实验室意外事故的处理

险　情	紧急处理
火险	立刻关闭电门、煤气，使用灭火器，沙土和湿布灭火
酒精、乙醚或汽油等着火	使用灭火器或沙土或湿布覆盖，慎勿以水灭火
衣服着火	可就地或靠墙滚转
破伤	先除尽外物，用蒸馏水洗净，涂以碘酒或红汞
火伤	可涂5%鞣酸、2%苦味酸或苦味酸铵苯甲酸丁酯油膏，或龙胆紫液等
灼伤	
强酸、溴、氯、磷等酸性药品的灼伤	先以大量清水冲洗，再用5%重碳酸钠或氢氧化铵溶液擦洗以中和酸
强碱、氢氧化钠、金属钠、钾等碱性药品的灼伤	先以大量清水冲洗，再用5%硼酸溶液或醋酸冲洗以中和碱
石炭酸灼伤	以浓酒精擦洗
眼灼伤	先以大量清水冲洗
眼为碱伤	以5%硼酸溶液冲洗然后于滴入橄榄油或液体石蜡1～2滴以滋润之
眼为酸伤	以5%重碳酸钠溶液冲洗，然后再滴入橄榄油或液体石蜡1～2滴以滋润之
食入腐蚀性物质	
食入酸	
食入碱	立即以大量清水漱口，并服镁乳或牛乳等，勿服催吐药
食入石炭酸或来苏水	立即以大量清水漱口，并服5%醋酸、食蜡、柠檬汁或油类、脂肪
吸入菌液	用40%乙醇漱口，并喝大量烧酒，再服用催吐剂使其吐出
吸入非致病性菌液	
吸入致病性菌液	立即大量清水漱口，再以1∶1 000高锰酸钾溶液漱口
吸入葡萄球菌、链球菌、肺炎球菌液	立即以大量热水漱口，再以消毒液1∶5 000米他芬，3%过氧化氢或1∶1 000高锰酸钾溶液漱口
吸入白喉菌液	经上法处理后，并注射1 000单位的白喉抗毒素以预防
吸入伤寒、霍乱、痢疾、布氏等菌液	经上法处理后，并注射疫苗及抗生素以预防患病

附录4　实验用染色液及试剂的配制

一、实验用染色液的配制

1. 黑色素液　水溶性黑素10 g,蒸馏水100 mL,甲醛(福尔马林)0.5 mL。可用作荚膜的背景染色。

2. 墨汁染色液　国产绘图墨汁40 mL,甘油2 mL,液体石炭酸2 mL。先将墨汁用多层纱布过滤,加甘油混匀后,水浴加热,再加石炭酸搅匀,冷却后备用。用作荚膜的背景染色。

3. 吕氏(Loeffier)美蓝染色液

A液:美蓝(methylene blue,又名甲烯蓝)0.3 g,95%乙醇30 mL;

B液:0.01% KOH 100 mL。

混合A液和B液即成,用于细菌单染色,可长期保存。根据需要可配制成稀释美蓝液,按1∶10或1∶100稀释均可。

4. 革兰氏染色液

(1) 结晶紫(crystal violet)液:结晶紫乙醇饱和液(结晶紫2 g溶于20 mL 95%乙醇中)20 mL,1%草酸铵水溶液80 mL将两液混匀置24 h后过滤即成。此液不易保存,如有沉淀出现,需重新配制。

(2) 卢戈(Lugol)氏碘液:碘1 g,碘化钾2 g,蒸馏水300 mL。先将碘化钾溶于少量蒸馏水中,然后加入碘使之完全溶解,再加蒸馏水至300 mL即成。配成后贮于棕色瓶内备用,如变为浅黄色即不能使用。

(3) 95%乙醇:用于脱色,脱色后可选用以下(4)或(5)的其中一项复染即可。

(4) 稀释石炭酸复红溶液:碱性复红乙醇饱和液(碱性复红1 g,95%乙醇10 mL,5%石炭酸90 mL混合溶解即成碱性复红乙醇饱和液),取石炭酸复红饱和液10 mL加蒸馏水90 mL即成。

(5) 番红溶液:番红O(safranine,又称沙黄O)2.5 g,95%乙醇100 mL,溶解后可贮存于密闭的棕色瓶中,用时取20 mL与80 mL蒸馏水混匀即可。

以上染液配合使用,可区分出革兰氏染色阳性(G^+)或阴性(G^-)细菌,G^-被染成蓝紫色,G^+被染成淡红色

5. 鞭毛染色液

A液:丹宁酸5.0 g,$FeCl_3$ 1.5 g,15%甲醛(福尔马林)2.0 mL,1%NaOH 1.0 mL,蒸馏水100 mL;

B液:$AgNO_3$ 2.0 g,蒸馏水100 mL。

待$AgNO_3$溶解后,取出10 mL备用,向其余的90 mL$AgNO_3$中滴加NH_4OH,即可形成很厚的沉淀,继续滴加NH_4OH至沉淀刚刚溶解成为澄清溶液为止,再将备用的$AgNO_3$慢慢滴入,则溶液出现薄雾,但轻轻摇动后,薄雾状的沉淀又消失,继续滴入$AgNO_3$,直到摇动

后仍呈现轻微而稳定的薄雾状沉淀为止，如雾重，说明银盐沉淀出，不宜再用。通常在配制当天使用，次日效果欠佳，第3天则不能使用。

6. 0.5%沙黄(Safranine)液：2.5%沙黄乙醇液20 mL，蒸馏水80 mL。将2.5%沙黄乙醇液作为母液保存于不透气的棕色瓶中，使用时再稀释。

7. 5%孔雀绿水溶液：孔雀绿5.0 g，蒸馏水100 mL。

8. 0.05%碱性复红：碱性复红0.05 g，95%乙醇100 mL。

9. 齐氏(Ziehl)石炭酸复红液：碱性复红0.3 g溶于95%乙醇10 mL中为A液：0.01% KOH溶液100 mL为B液。混合A、B液即成。

10. 姬姆萨(Giemsa)染液

(1) 贮存液：称取姬姆萨粉0.5 g，甘油33 mL，甲醇33 mL。先将姬姆萨粉研细，再逐滴加入甘油，继续研磨，最后加入甲醇，在56℃放置1 h～24 h后即可使用。

(2) 应用液(临用时配制)：取1 mL贮存液加19 mL pH7.4磷酸缓冲液即成。亦可取贮存液：甲醇＝1∶4的比例配制成染色液。

11. 乳酸石炭酸棉蓝染色液(用于真菌固定和染色)石炭酸(结晶酚)20 g，乳酸20 mL，甘油40 mL，棉蓝0.05 g，蒸馏水20 mL。将棉蓝溶于蒸馏水中，再加入其他成分，微加热使其溶解，冷却后用。滴少量染液于真菌涂片上，加上盖玻片即可观察。霉菌菌丝和孢子均可染成蓝色。染色后的标本可用树脂封固，能长期保存。

12. 1%瑞氏(Wright's)染色液：称取瑞氏染色粉6 g，放研钵内磨细，不断滴加甲醇(共600 mL)并继续研磨使溶解。经过滤后染液须贮存一年以上才可使用，保存时间愈久，则染色色泽愈佳。

13. 阿氏(Albert)异染粒染色液：

A液：甲苯胺蓝(toluidine blue)0.15 g，孔雀绿0.2 g，冰醋酸1 mL，95%乙醇2 mL，蒸馏水100 mL；

B液：碘2 g，碘化钾3 g，蒸馏水300 mL。

先用A液染色1 min，倾去A液后，用B液冲去A液，并染1 min。异染粒呈黑色，其他部分为暗绿或浅绿。

二、实验用试剂的配制

1. 乳酸苯酚固定液　乳酸10 g，结晶苯酚10 g，甘油20 g，蒸馏水10 mL。

2. 1.6%溴甲酚紫　溴甲酚紫1.6 g溶于100 mL乙醇中，贮存于棕色瓶中保存备用。用作培养基指示剂时，每1 000 mL培养基中加入1 mL1.6%溴甲酚紫即可。

3. V-P试剂 $CuSO_4$ 1 g，蒸馏水10 mL，浓氨水40 mL，10% NaOH 950 mL。先将$CuSO_4$溶于蒸馏水中，然后加浓氨水，最后加入10% NaOH。

4. 0.02%甲基红试剂　甲基红0.1 g，95% 乙醇760 mL，蒸馏水100 mL。

5. 吲哚反应试剂对二甲基氨基苯甲醛8 g，95%乙醇760 mL，浓HCl 160 mL。

6. Alsever's血细胞保存液　葡萄糖2.05 g，柠檬酸钠0.8 g，NaCl 0.42 g，蒸馏水100 mL。以上成分混匀后，微加温使其溶解后，用柠檬酸调节pH6.1，分装于三角瓶中

(30 mL～50 mL/瓶),113℃湿热灭菌 15 min,备用。

7. Hank's 液

(1) 贮存液 A 液:(Ⅰ) NaCl 80 g,KCl 4 g,$MgSO_4 \cdot 7H_2O$ 1 g,$MgCl_2 \cdot 6H_2O$ 1 g,用双蒸馏水定容至 450 mL;(Ⅱ) $CaCl_2$ 1. 4 g (或 $CaCl_2 \cdot 2H_2O$ 1. 85 g) 用双蒸馏水定容至 50 mL。将Ⅰ和Ⅱ液混合,加氯仿 1 mL 即成 A 液。

(2) 贮存液 B 液:$Na_2HPO_4 \cdot 12H_2O$ 1. 52 g,KH_2PO_4 0. 6 g,酚红 0. 2 g,葡萄糖 10 g,用双蒸馏水定容至 500 mL,然后加氯仿 1 mL,酚红应先置研钵内磨细,然后按配方顺序一一溶解。

(3) 应用液:取上述贮存液的 A 和 B 液各 25 mL,加双蒸馏水定容至 450 mL,113℃湿热灭菌 20 min。置 4℃下保存。使用前用无菌的 3% $NaHCO_3$ 调至所需 pH。

注意:药品必须全部用 A. R 试剂,并按配方顺序加入,用适量双蒸馏水溶解,待前一种药品完全溶解后再加入后一种药品,最后补足水到总量。

(4) 10%小牛血清的 Hank's 液:小牛血清必须先经 56℃、30 min 灭活后才可使用,应小瓶分装保存,长期备用。用时按 10%用量加至应用液中。

8. 0. 1 mol/L $CaCl_2$ 溶液　双蒸馏水 900 mL,$CaCl_2$ 11 g,定容至 1 L,可用孔径为 0. 22μm的滤器过滤除菌或 121℃湿热灭菌 20 min。

9. 0. 05 mol/L $CaCl_2$ 溶液　双蒸馏水 900 mL,$CaCl_2$ 5. 5 g,定容至 1 L,可用孔径为 0. 22 μm的滤器过滤除菌或 121℃湿热灭菌 20 min。

10. α 淀粉酶活力测定试剂

(1) 碘原液:称取碘 11 g,碘化钾 22 g,加水溶解定容至 500 mL。

(2) 标准稀碘液:取碘原液 15 mL,加碘化钾 8 g,定容至 500 mL。

(3) 比色稀碘液:取碘原液 2 mL,加碘化钾 20 g,定容至 500 mL。

(4) 2%可溶性淀粉:称取干燥可溶性淀粉 2 g,先以少许蒸馏水混合均匀,再徐徐倾入煮沸的蒸馏水中,继续煮沸 2 min,待冷却后定容至 100 mL(此液当天配制使用)。

(5) 标准糊精液:称取分析纯糊精 0. 3 g,用少许蒸馏水混匀后倾入 400 mL 水中,冷却后定容至 500 mL,加入几滴甲苯试剂防腐,冰箱保存。

11. pH6. 0 磷酸氢二钠-柠檬酸缓冲液

称取 $Na_2HPO_4 \cdot 12H_2O$ 45. 23 g,柠檬酸($C_6H_8O_7 \cdot H_2O$) 8. 07 g,加蒸馏水定容至 1 000 mL。

12. 0. 1 mol/L 磷酸缓冲液(pH7. 0)　称取 $Na_2HPO_4 \cdot 12H_2O$ 35. 82 g,溶于 1 000 mL 蒸馏水中,为 A 液;称取 $NaH_2PO_4 \cdot 2H_2O$ 15. 605 g,溶于 1 000 mL 蒸馏水中,为 B 液。取 A 液 61 mL,B 液 39 mL,可得到 100 mL 0. 1 mol/L pH7. 0 的磷酸缓冲液。

13. 测定乳酸的试剂

(1) pH9. 0 缓冲液:在 300 mL 容量瓶中加入甘氨酸 11. 4 g,24%NaOH 2 mL,加 275 mL 蒸馏水。

(2) NAD 溶液:NAD 600 mg 溶于 20 mL 蒸馏水中。

(3) $L^{(+)}$ LDH:加 5 mg $L^{(+)}$ LDH 于 1 mL 蒸馏水中。

(4) $D^{(-)}$ LDH:加 2 mg $D^{(-)}$ LDH 于 1 mL 蒸馏水中。

14. Taq 缓冲液(10×)　Tris-HCl (pH8.4) 100 mmol/L, KCl 500 mmol/L, $MgCl_2$ 15 mmol/L, BSA (牛血清蛋白) 或明胶 1 mg/mL

15. dNTP 混合液 dATP 50 mmol/L, dCTP 50 mmol/L, dGTP 50 mmol/L, dTTP 50 mmol/L。

16. 1%琼脂糖　琼脂糖 1 g, TAE 100 mL, 100℃融化后待凉至 40℃倒胶,胶厚度约 0.4～0.6 mm。

17. TAE　Tris 碱 4.84 mL,冰乙酸 1.14 mL, 0.5 mol/L pH8.0 的 $EDTA-Na_2 \cdot 2H_2O$ (乙二胺四乙酸钠盐) 2 mL

18. 0.5 mol/L EDTA(pH8.0) 在 800 mL 蒸馏水中加 186.1 g EDTA,剧烈搅拌,用 NaOH 调 pH 至 8.0(约 20 g 颗粒),定容至 1 L,分装后 121℃湿热灭菌备用。

19. 硝酸盐还原试剂

(1) 格里斯氏(Griess)试剂

A 液:对氨基苯磺酸 0.5 g,稀醋酸(10%左右)150 mL

B 液:α 萘胺 0.1 g,蒸馏水 20 mL,稀醋酸(10%左右)150 mL

(2) 二苯胺试剂:二苯胺 0.5 g 溶于 100 mL 浓硫酸中,用 20 mL 蒸馏水稀释。

在培养液中滴加 A、B 液后溶液如变为粉红色、玫瑰红色、橙色或棕色等表示有亚硝酸盐还原,反应为阳性,如无色出现则可加 1～2 滴二苯胺试剂:如溶液呈蓝色则表示培养液中仍存在有硝酸盐,从而证实该菌无硝酸盐还原作用:如溶液不呈蓝色,则表示形成的亚硝酸盐已进一步还原成其他物质,故硝酸盐还原反应仍为阳性。

附录 5　酸碱指示剂的配制

中文名称	英文名称	应加的 NaOH/mL*	酸性颜色	碱性颜色	pH 范围
甲基红	methyl red	37.0	红	黄	4.2～6.3
甲酚红	cresol red	26.2	黄	红	7.2～8.8
甲酚红	cresol red	0.1%乙醇(90%)	红	黄	0.2～1.8
间甲酚紫(酸域)	meta-creso purple	26.2	红	黄	1.2～2.8
间甲酚紫(碱域)	meta-cresol purple	26.2	黄	紫	7.4～9.0
茜素黄-R	alizarin yellow-R	0.1%水溶液	黄	红	10.1～12.0
氯酚红	chlorophenol red	23.6	黄	红	4.8～6.4
溴酚蓝	bromophenol blue	14.9	黄	蓝	3.0～4.6
溴酚红	bromophenol red	19.5	黄	红	5.2～6.8
溴甲酚绿	bromecresol green	14.3	黄	红	3.8～5.4
溴甲酚紫	bromoocresol purple	18.5	黄	紫	5.2～6.8
溴麝香草酚蓝	bromothymol boue	16.0	黄	蓝	6.0～7.6
酚红	Phenol red	28.2	黄	红	6.8～8.4
酚酞	Phenolphthalein	1%乙醇(90%)	无色	红	8.2～9.8
麝香草酚蓝(碱域)	thymol blue	21.5	黄	蓝	8.0～9.6
麝香草酚蓝(酸域)	thymol blue	21.5	红	黄	1.2～2.8
麝香草酚酞(百里酚酞)	thymol-phthalein	0.1%乙醇(90%)	无色	蓝	9.3～10.5

*精确称取指示剂粉末 0.1 g，移至研钵中，按上表分数次加入 0.01 mol/L NaOH 溶液，仔细研磨直至溶解为止，最终用蒸馏水稀释至 250 mL，从而配成 0.04%指示剂溶液。但甲基红及酚红溶液应稀释至 500 mL，故最终浓度为 0.02%。

附录6 微生物学实验中一些常用数据表

一、常用消毒剂

名 称	浓 度	使用范围	注意问题
升汞	0.05%～0.1%	植物组织和虫体外部消毒	腐蚀金属器皿
硫柳汞	0.01%～0.1%	生物制品防腐，皮肤消毒	多用于抑菌
甲醛（福尔马林）	10 mL/ m^3	接种室消毒	用于熏蒸
石炭酸（苯酚）	3%～5%	接种室消毒（喷雾）器皿消毒	杀菌力强
来苏水（煤酚皂液）	3%～5%	接种室消毒，擦洗桌面及器械	杀菌力强
漂白粉	2%～5%	皮肤消毒	腐蚀金属伤皮肤
新洁尔灭	0.25%	皮肤及器皿消毒	对芽孢无效
乙醇	70%～75%	皮肤消毒	对芽孢无效
高锰酸钾	0.1%	皮肤及器皿消毒	应随用随配
硫磺	15 g/m^2	熏蒸，空气消毒 *	腐蚀金属
生石灰	1%～3%	消毒地面及排泄物	腐蚀必强

* 10 mL/m^3 加热熏蒸，或迅速加入甲醛 10 份高锰酸钾中，使其产生黄色浓烟，立即密闭房间，熏蒸 6 h～24 h.

二、比重糖度换算表

波尔度 (Baume)	比 重	糖 度 (Brix)	波尔度 (Baume)	比 重	糖 度 (Brix)
1	1.007	1.8	8	1.059	14.5
2	1.015	3.7	9	1.067	16.2
3	1.002	5.5	10	1.074	18
4	1.028	7.2	11	1.082	19.8
5	1.036	9	12	1.091	21.7
6	1.043	10.8	13	1.099	23.5
7	1.051	12.6	14	1.107	25.3

（续表）

波尔度（Baume）	比　重	糖　度（Brix）	波尔度（Baume）	比　重	糖　度（Brix）
15	1.116	27.2	31	1.274	57.3
16	1.125	29	32	1.286	59.3
17	1.134	30.8	33	1.2697	61.2
18	1.143	32.7	34	1.309	63.2
19	1.152	34.6	35	1.321	65.2
20	1.161	36.4	36	1.333	67.1
21	1.171	38.3	37	1.344	68.9
22	1.18	40.1	38	1.356	70.8
23	1.19	42	39	1.368	72.7
24	1.2	43.9	40	1.38	74.5
25	1.21	45.8	41	1.392	76.4
26	1.22	47.7	42	1.404	78.2
27	1.231	49.6	43	1.417	80.1
28	1.241	51.5	44	1.429	82
29	1.252	53.5	45	1.442	83.8
30	1.263	55.4	46	1.455	85.7

三、常用干燥剂

用　途	常用干燥剂名称
气体的干燥	石灰，无水 $CaCl_2$，P_2O_5，浓 H_2SO_4，KOH
流体的干燥	P_2O_5，浓 H_2SO_4，无水 $CaCl_2$，无水 K_2CO_3 KOH，无水 Na_2SO_4，无水 $MgSO_4$，无水 $CaSO_4$，金属钠
干燥剂中的吸水	P_2O_5，浓 H_2SO_4，无水 $CaCl_2$，硅胶
有机溶剂蒸汽干燥	石蜡片
酸性气体的干燥	石灰，KOH，NaOH
碱性气体的干燥	浓 H_2SO_4，P_2O_5

附录 7　实验常用中英名词对照表

EMB 培养基 eosin methylene blue medium

V－P 试验 Voges-Proskauer test

三画

子囊 ascus（复：asci）

子囊孢子 ascospore

小梗 sterigma

干热灭菌 hot oven sterilization

干燥箱 drying oven

马丁培养基 Martin's medium

马铃薯葡萄糖培养基 Potato extract glucose medium

四画

专性厌氧菌 obligate anaerobe

中性红 neutral red

分生孢子 conidium(复：conidia)

分生孢子梗 conidiophore

分离 isolation

分辨率(清晰度)Resoiving power (resolution)

双筒显微镜 biocular microscope

孔雀绿 malachite green

巴斯德消毒法 Pasteurization

支原体 mycoplasma

无性繁殖 vegetative propagation

无菌水 sterile water

无菌移液管 sterile pipette

无菌操作(无菌技术)aseptic technique

比浊法 turbidimetry

气生菌丝 aerial hypha(复:hyphae)

水浸法 wet-mount method

牛肉膏蛋白胨培养基 beef extract peptone medium

计算室 counting chamber

五画

卡那霉素 kanamycin

发酵液 fermentation solution

四环素 tetracycline

对流免疫电泳 counter immuoelectrophoresis

平板 Plate

平板划线 streak plate

平板菌落计数法 enumeration by platecount method

灭菌 sterilization

生长曲线 growth curve

甲基红(M. R.)试验 Methyl red test

目镜测微尺 Ocular micrometer

石炭酸(酚)Phenol

立克次氏体 Rickettsia

节孢子 arthrospore

六画

产氨试验 Production of ammonia test

伊红美蓝培养基 eosin methylene blue medium

划线培养 streak culture

厌氧细菌 anaerobic bacteria

厌氧培养法 anaerobic culture method

吕氏美蓝液 Loeffler's methylene blue

多粘菌素 Polymyxin

好氧细菌 aerobic bacterium(复:bacteria)

异养微生物 heterotrophic microbe

异染粒 metachromatic granule

有性繁殖 sexual reproduction

血细胞计数板 haemocytometer

衣原体 Chlamydia

负染色 negative stain

齐氏石炭酸复红染液 Ziehl's carbolfuchsin

七画

伴孢晶体 parasporal crystal
利夫森氏鞭毛染色 Leifson's flagella stain
吲哚试验 indole test
局限性转导 specialized transduction
抑制剂 indhibitor
抑菌圈 zone of inhibition
抗生素 antibiotics
抗生素发酵 antibotic fermentation
抗血清 antiserum
抗体 antibody
抗原 antigen
抗菌谱 antibiotic spectrum
杜氏小管 Durbam tube
来苏尔 lysol
沉淀反应 precipitation reaction
沉淀原 precipinogen
沉淀素 precipitin
纯化 purification
芽孢 spore
芽孢染色 spore stain
豆芽汁葡萄糖培养基 soybean sprout extract glucose medium
阿须贝无氮培养基 Ashby medium
麦芽汁培养基 malt extract medium

八画

免疫血清 Immune serum
乳酸石炭酸液 lactophenol solution
乳糖发酵 lactose fermentation
乳糖蛋白胨培养基 lactose peptone medium
单菌落 single colony
单筒显微镜 monocular microscope
固氮作用 nitrogen fixation
国际单位制 international system of units, SI
奈氏试剂 Nessler's reagent
孢子囊 sporangium(复:sporangia)
孢子囊柄 sporangiophore
孢囊孢子 sporangiospore
明胶液化试验 gelatin liguefaction test
杯碟法 cylinder-plate method
油镜 oil immersion
物镜 objective, objective lens
细调节器 fine adjustment
肽聚糖 peptidoglycan
苯胺黑(黑色素)nigrosin
转导 tramsduction
转导子 transductant
细晶紫 crystal violet

九画

匍匐枝 stolon
厚垣孢子 chalmydospore
垣酸 teichoic acid
复染 counterstain
恒温箱 incubator
挑菌落 colony selection
柠檬酸盐培养基 citrate medium
测微尺 micrometer
相差显微镜 phase contrast microscope
穿刺培养 stab culture
耐氧细菌 aerotolerant bacteria
荚膜染色 capsule stain
诱变剂 mutagenic agent
诱变效应 mutagenic effect
革兰氏阳性菌 Gram-positive bacteria, G^+
革兰氏阴性菌 Gram-negative bacteria, G^-
革兰氏染色 Gram stain
革兰氏碘液 Gram's iodine solution
香柏油 cedar oil

十画

倾注法 pour-plate method
兼性厌氧菌 faculative anaerobe
原生质体 protoplast
振荡培养 shake culture
根瘤菌 nodule bacteria

氨苄青霉素 ampicillin
涂抹培养 smearing culture
涂布器(刮刀)scraper
清毒 desomfectopm
消毒剂 disinfectant
真菌 fungi
胰蛋白胨 bacto-tryptone
载片 slide
酒精发酵 alcoholic fermentation
高氏1号合成培养基 Gause's No. 1 synthetic medium
高压蒸汽灭菌 high pressure steam sterilization

十一画

假根 rhizine
假菌丝 pseudohypha
培养皿 petri dish
链霉素 streptomycin
液体接种 broth transfer
淀粉水解试验 hydrolysis of strarch test
球形体 sphaeroplast
盖片 cover glass
硅胶 silica gel
移液管 Breed pipette
脱色剂 decolourising agent
菌丝 hypha(复:hyphae)
菌丝体 mycelium(复:mycelia)
菌落 colony
营养菌丝 vegetative hypha

十二画

媒染剂 mordant
普遍性转导 general transduction
棉塞 cotton pluge
氯霉素 chloramphenicol
琼脂扩散法 agar diffusion method
琼脂糖凝胶 agarose gel
稀释分离法 isolation by dilution method
稀释液 diluent(diluted solution)
紫外线 ultraviolet rays
葡萄糖蛋白胨培养基 glucose peptone medium

十三画

微生物发酵 microbial fermentation
摇床 rotating shaker
数值孔径 numerical aperture(N. A)
暗视野显微镜 darkfield microscope
溶菌酶 lysozyme
滤膜法 membrane filter technique
简单染色 simple stain
蓝细菌 cyanobacteria
酪蛋白水解培养基 casein hydrolysate medium

十四画以上

察氏培养基 Czapek's medium
碱性复红 basic fuchsin
碱性染料 basic dye
稳定期 stationary phase
聚-β-羟丁酸 poly-β-hydroxybutyrate,PHB
酵母甘露醇培养基 yeast extract mannitol medium
酵母菌 yeast
蕃红(沙黄、藏花红)safranin
佳性没食子酸 pyrogallic acid
霉菌 mould, mold
凝胶扩散 gel diffusion
凝集反应 agglutination reaction
凝集原 agglutinogen
凝集素 bacteriophage
噬菌体 agglutinate
噬菌体裂解 phage lysis
噬菌斑 plaque
镜台测微尺 stage micrometer
螺旋体 spirochaeta
鞭毛 flagellum(复:flagella)

附录 8　各国主要菌种保藏机构

单位名称	单位缩写	单位名称	单位缩写
中国微生物菌种保藏管理委员会	CCCM	中国科学院微生物研究所菌种保藏中心	
中国科学院武汉病毒所菌种保藏中心		轻工部食品发酵工业科学研究所	
卫生部药品生物检定所		中国医学科学院皮肤病研究所	
中国医学科学院病毒研究所		国家医药总局四川抗生素研究所	
华北制药厂抗生素研究所		农业部兽医药品监察所	
世界菌种保藏联合会	WFCC	日本微生物菌种保藏联合会	JFCC
美国标准菌株保藏中心	ATCC	北海道大学农学部应用微生物教研室	AHU
美国农业部北方研究利用发展部	NRRL	东京大学农学部发酵教研室	ATU
美国农业研究服务处菌中收藏馆	ARS	东京大学应用微生物研究所	IAM
美国 Upjohn 公司菌种保藏部	UPJOHN	东京大学医学科学研究所	IID
加拿大 Alberta 大学霉菌标本室	UAMH	东京大学医学院细菌学教研室	MTU
加拿大国家科学研究委员会	NRC	大阪发酵研究所	IFO
法国典型微生物保藏中心	CCTM	广岛大学工业学部发酵工业系	AUT
捷克和斯洛伐克国家菌保会	CNCTC	新西兰植物病害真菌保藏部	PDDCC
荷兰真菌中心收藏所	CBS	德国科赫研究所	RKI
英国国立典型菌种收藏馆	NCTC	德国发酵红叶研究所微生微生物收藏室	MIG
英联邦真菌研究所	CMI	德国微生物研究所菌种收藏室	KIM
英国国立工业细菌收藏所	NCIB		

参考文献

1. 沈萍，陈向东主编. 微生物学实验. 北京：高等教育出版社，2008.

2. 黄仪秀编. 微生物学实验. 北京：高等教育出版社，2008.

3. 钱存柔编. 微生物学实验教程. 北京：北京大学出版社，2008.

4. 湖北师范学院生命科学学院微生物课程组编著. 微生物学实验指导[DB/OL]. (2012-06-03)[2014-12-15]. http://wenku. baidu. com/list/165

5. 长春理工大学生命科学院生物工程系编. 微生物学实验指导[DB/OL]. (2013-11-08)[2014-12-15]. http://wenku. baidu. com/list/165

6. 黄文芳，张松. 微生物学实验指导大全[DB/OL]. (2012-02-28)[2014-12-15]. http://wenku. baidu. com/list/91

7. 细菌种属的分子鉴定[DB/OL]. (2012-06-08)[2014-12-15]. http://wenku. baidu. com/list/165

8. 黄文芳，张松. 微生物学实验指导. 广州：暨南大学出版社，2003.

9. 周德庆，徐德强. 微生物学实验教程(第3版)/. 北京：高等教育出版社，2013.

10. 朱旭芬. 现代微生物学实验技术. 杭州：浙江大学出版社，2011.

11. 赵斌，何绍江主编. 微生物学实验. 北京：科学出版社，2002

12. 沈萍，陈向东主编. 微生物学. 北京：高等教育出版社，2006.

13. 周德庆著. 微生物学教程. 北京：高等教育出版社，2012.

14. 复旦大学，武汉大学生物系微生物教研室编. 微生物学(第二版). 北京：高等教育出版社，2000.

15. 林稚兰. 现代微生物学与实验技术. 北京：科学出版社，2000.

16. M. T. 马迪根(M. T. Madigan)，杨文博等. Brock 微生物生物学. 北京：科学出版社，2001.

17. 姜涌明，史永，隋德新. 枯草芽孢杆菌 86315α-淀粉酶的研究Ⅱ：分离提纯：性质及动力学[J]. 江苏农学院学报，1992，13(2)：47.

图书在版编目(CIP)数据

微生物学实验指导 / 尹军霞主编. --南京:南京大学出版社,2015.7(2022.7 重印)

ISBN 978-7-305-15611-3

Ⅰ. ①微… Ⅱ. ①尹… Ⅲ. ①微生物学-实验-高等学校-教材 Ⅳ. ①Q93-33

中国版本图书馆 CIP 数据核字(2015)第 179288 号

出版发行 南京大学出版社
社 址 南京市汉口路 22 号 邮编 210093
出 版 人 金鑫荣

书 名 微生物学实验指导
主 编 尹军霞
责任编辑 张 伟 吴 汀 编辑热线 025-83686531

照 排 南京开卷文化传媒有限公司
印 刷 丹阳兴华印务有限公司
开 本 787×960 1/16 印张 12.75 字数 245 千
版 次 2022 年 7 月第 1 版第 3 次印刷
ISBN 978-7-305-15611-3
定 价 39.00 元

网 址:http://www.njupco.com
官方微博:http://weibo.com/njupco
官方微信号:njupress
销售咨询热线:(025)83594756
